水质远程分析科学决策智能化环保系统

Remote Intelligent Decision-making Environmental System for Water Monitoring

赵小强　程文　著

U0378725

西安电子科技大学出版社

内 容 简 介

　　本书以监测中心实现、电化学监测、生物图像监测、水质信息安全等内容为重点，对"水质远程分析科学决策智能化环保系统"的相关理论、方法和检测结果进行了系统阐述。本书是对水质在线监测技术及其应用研究的最新成果的总结，所述内容理论与实践并重，针对性与系统性较强。

　　本书可供环境工程、通信与信息系统、信号与信息处理、测试计量技术及仪器、电子科学与技术、计算机科学与技术等学科中从事水质在线监测工作的研究人员和工程技术人员参考，也可作为高等院校相关专业研究生或高年级本科生的参考书。

前　言

水质在线监测是一门发展十分迅速的交叉学科，虽然对常规水质分析技术、通信新技术、存储技术、太阳能技术、信息安全技术、智能信息处理技术的研究很早就已经开始，也取得了不少成果，但把通信新技术、存储技术、太阳能技术、信息安全技术应用于环境科学领域进行论述的著作寥寥无几。为帮助读者了解如何在水环境检测中应用信息技术，作者结合多年的研究成果对"水质远程分析科学决策智能化环保系统"进行了详细阐述。该系统中融合了电化学监测技术和生物监测技术，生物监测通过直接监测水生生物的生长情况监测水质情况，电化学监测通过电化学传感器直接测量水质数据，系统既保留了电化学监测技术成熟、测量准确的优点，又发挥了生物监测在全面性、直观性上的优势。系统监测站点采用太阳能供电及智能节电技术，低碳环保，通过结合无线通信技术，建成了永久性的野外无人值守监测站。监控中心可查看整个区域内所有监测点的实时水质信息，形成区域监测、实时监测的无线传感器网络。公众和环境人员还可以通过因特网访问监控中心网站，远程获取水质信息。监控中心软件基于 LabVIEW 构建，显示直观，通过大容量存储设备实时备份全区域水质数据。整个系统运行时高度自动化、智能化，全程无人值守。

本书以监测中心实现、电化学监测、生物图像监测、水质信息安全等内容为重点，对"水质远程分析科学决策智能化环保系统"的理论基础和研制方法进行了详细阐述。

本书是赵小强对其西安理工大学博士生学习阶段的科研总结，也是对其所承担的陕西省社会发展科技攻关项目"生态修复与环境治理技术研究"(项目编号：2010K11—02—11)、西安邮电大学中青年项目"水质远程分析科学决策智能化环保系统的研制"(项目编号：ZL2010—07)以及程文教授承担的国家自然科学基金项目"移动床生物反应器(MBRR)中气泡羽流运动规律的研究"(项目编号：51076130)等项目的研究成果的总结。

本书共九章。第一章介绍了国内水质以及水质监测技术发展现状，并简单介绍了水质在线监测的背景和意义；第二章介绍了"水质远程分析科学决策智能化环保系统"的基本原理及创新点；第三章详细介绍了水质监控中心的实现过程；第四章叙述了电化学传感器及硬件电路；第五章阐述了系统嵌入式程序设计；第六章叙述了生物水质监测分析及应用，根据生物的运动特征进行水质监测；第七章叙述了系统的安全策略，并对系统的安全算法进行了详细阐述；第八章详细阐述了"水质远程分析科学决策智能化环保系统"性能测试结果；第九章阐述了系统的应用与发展前景。

本书第一章至第八章由赵小强博士负责撰写，第九章由西安理工大学水利水电学院博士生导师程文教授撰写，全书由西安邮电大学研究生于燕飞进行文字整理，由赵小强完成统稿。

本书涉及环境工程、通信工程、图像处理、信息安全、电子电路等多个学科，知识涉及面广，专业性强。由于作者的水平有限，对一些内容的撰写及表达难免有疏漏或不妥之处，殷切期待读者的批评指正。

作　者
2012 年 7 月

目　　录

绪 论

随着可用水资源的不断减少及水污染事件的频繁发生，人们对水资源的保护日趋重视。水资源问题已经成为继能源问题、粮食问题后又一重大的国际性课题。

1.1 我国及全球水环境现状

地球表面 2/3 的面积被水覆盖，其中 97.5% 是咸水，在余下的 2.5% 的淡水中，又有 87% 是人类难以利用的两极冰盖、冰川、冰雪，因此，人类可利用的淡水只占全球水资源总量的 0.325%，而这些淡水大部分是地下水。实际上，人类可以从江河湖泊中提取利用的淡水只占总水量的 0.014%。有人比喻说，在地球这个大水缸里可用的淡水只有一汤匙，而这一汤匙水又遭到了严重污染。

目前，水污染问题已经对我国构成了严峻的挑战。

黄河被中国人称做"母亲河"，储存着中国 2.4% 的水资源，哺育着中国 12% 的人口，灌溉着 15% 的耕地，但黄河的污染近年来却日趋严重。《国际形势黄皮书》认为黄河在近十多年中被污染的情况在不断加重。黄河流域水资源保护局对黄河水污染的状况进行量化分析后发现，全流域符合Ⅰ、Ⅱ类水质标准的河段仅占 8.2%，符合Ⅲ类标准的为 26.4%，属于Ⅳ、Ⅴ类标准的为 65.4%，黄河干流近 40% 河段的水质为劣Ⅴ类，已基本丧失水体功能，其中的主要污染物为高锰酸盐和挥发酚。随着黄河流域经济的急速开发，20 世纪 50 年代在黄河中繁衍生息的鱼类有 1/3 已灭绝；近年来黄河流域的居民也因水污染而出现了较多的相关疾病患者，其数量远高于平均值。黄河的污染不仅给周边居民的健康造成了严重的危害，也对我国经济造成了严重的负面影响，相关经济损失达 116 亿元人民币。黄河的水污染随着水量的减少和沿岸排污量的增加有加重的趋势。此外，黄河断流日趋严重，流域生态环境遭到了严重破坏。

与此同时，长江的污染面积也在不断扩大。长江作为亚洲第一条长河，具有深厚的文化底蕴，对贸易、交通、旅游、科技、制造等产业影响巨大，但长江也在受到污染，2011 年水质污染与 2010 年相比呈加重趋势，水质符合 I 、II 类水质标准的河段为 38.8%，符合III类标准的为 33.7%，属于IV、V 类标准的为 27.5%，其主要污染物为高锰酸盐和烃类衍生物，个别河段铜超标。长江干流岸边污染严重，干流城市江段的岸边污染带总长已达 500 km。

此外，我国的湖泊也普遍遭到污染，尤其是重金属污染和富营养化问题十分突出。例如，滇池是昆明最大的饮用水源，供水量占全市供水量的 54%，由于昆明市及滇池周围地区大量工业污水和生活污水的排入，致使滇池重金属污染和富营养化十分严重，藻类丛生，夏秋季 84% 的水面被藻类覆盖，作为饮用水源已有多项指标不合格。由于饮用被污染的水，中毒事件时有发生。此外，滇池特产银鱼的产量大幅度减少，鱼群种类也在减少，名贵鱼种基本绝迹。

世界卫生组织经调查发现，现在发展中国家有 10 亿人口喝不上淡水，全世界每年有 1000 万人死于因饮用了污染水而引起的疾病。而更令人不安的是，在世界许多地区，都隐藏着国与国之间为争夺水资源而发生冲突的危险。水资源危机中另一个不可忽视的问题便是城市缺水问题，在联合国列出的最有可能面临缺水问题的城市名单中，有我国的北京和上海，另外还有开罗、孟买、雅加达、墨西哥等特大城市。

就全世界而言，工业的高速发展，不仅对淡水的使用量越来越大，而且排放的大量污水对江河湖泊以及大海的污染也日甚一日，以至鱼虾濒临绝迹，大海出现赤潮，有的江河甚至成为臭河、死河。保护水资源、防止水污染已成为环保工作的重中之重。

近年来，党中央一直强调科学发展、以人为本、统筹兼顾、可持续发展，而水的可持续发展将直接关系到国民生活和生命，所以国家以及各级政府部门一直强烈要求加快研制水质在线远程分析科学决策智能化系统。

在我国第十二个五年发展规划和十一届全国人大四次会议中均指出，要加快建设资源节约型、环境友好型社会，提高生态文明水平，并特别强调要加强水利基础设施建设，推进对大江大河湖泊水质的监测、治理能力。

1.2　国内水质以及水质监测技术发展现状

我国水资源总量为 2.8 万亿立方米，其中地表水约 2.7 万亿立方米，地下水约 0.83 万亿立方米，水资源总量居世界第六位。但是，城镇化步伐的加快、区域经济的发展以及各类化学物质泄漏事件等，都加重了局部水资源的负荷，也加剧了城市地下水的污染,很多城市的地下水均出现了水质富营养化以及铁锰超标等问题。水污染问题已经成为我国经济社会发展的最重要制约因素之一,也引起了国家和地方政府的高度重视。

2011 年《中共中央国务院关于加快水利改革发展的决定》(下文称"中央一号文件")中明确指出,水是生命之源、生产之要、生态之基。兴水利、除水害,事关人类生存、经济发展、社会进步,历来是治国安邦的大事。

"十二五"期间,随着环保执法力度的继续加大和配套环境水质在线监测法律法规的相继出台,环境水质在线监测系统的需求将趋于旺盛,中国环境水质在线监测市场将快速增长,其市场潜力巨大。

在我国,水利系统的水质监测工作相对发展迅速,监测项目涵盖了污染状况的绝大部分,实现了对水质的有效监测,同时保证了监测数据的可靠性。但是目前的河流水系的水质检测方法是定时定点在河流的某些断面取瞬时水样,再带回实验室进行分析。这种人工抽查式的监测方法监测频次低、采样误差大、监测数据分散,不能及时、准确地获得水质不断变化的动态数据,难以满足政府和企业进行有效水环境管理的需求。

此外,从综合污染源及地表水在线监测市场的数据来看,2010 年废水污染源在线监测系统细分行业的市场规模为 10.68 亿元,地表水质在线监测系统细分行业的市场规模为 5.72 亿元,环境水质在线监测系统行业的总体市场规模达 16.40 亿元。同时,我国环境水质监测仪器以前主要依赖进口,这些仪器价格昂贵、操作复杂,且运转费用高。国产仪器技术不够成熟,可靠性、稳定性不足,难以满足我国复杂的水体环境和日益多样化的污染物监测需求。再加上所选的水质参数较少,水质自动化监测装置制造还跟不上快速发展的水质监测的要求。由于我国水质在线监测技术落后,目前全国范围内水质监测均以人工取样为主,自动采样监测极少。

随着物联网与生物传感技术等高新技术的发展,传统的水质在线监测仪器已经趋于落后,不能满足我国复杂的水体环境和日益多样化的污染物监测需求。而基于生物监测的太阳能水质监控网络环保系统则有效地克服了以上缺点,采用生物传感技术以及物联网技术,能够动态、及时、准确地完成无人在线水质监控。

在水体污染防治工作中,水质监测工作是污染预警、持续性污染物监测和治理效果评定的重要手段,已受到有关部门的高度重视。因此,水质监测仪器承担着准确地提供监测数据和监测报告的责任,在环境监测工作中发挥着日益重要的作用。

1.3 背景和意义

2011 年"中央一号文件"指出：把水利作为国家基础设施建设的优先领域，把农田水利作为农村基础设施建设的重点任务，把严格水资源管理作为加快转变经济发展方式的战略举措，注重科学治水、依法治水，突出加强薄弱环节建设，大力发展民生水利，不断深化水利改革，加快建设节水型社会，促进水利可持续发展，努力走出一条中国特色水利现代化道路。

我国的水质监测体系和能力都已经有了一定的基础，但面对新时期多样化水利发展的形势和要求，还存在一些亟待解决的问题。从技术层面上来讲，主要集中在自动化程度低、信息处理的实时性与管理工作的需要不相适应两个方面。在国内，大部分的测定工作(包括采样和检验)都是由人工完成的，不仅工作量大，还存在监测频率低、采样误差大、监测数据分散、实时性效果差等缺陷，很难在短时间内提供水质参数的信息，即很难实时地掌握水质的变化情况；其次，水质监测网络的信息化程度偏低，使得众多的监测部门各行其是，这样既浪费了人力、物力，又因时间、指标上的差异而导致监测数据无法共享；而在监测频次上，仅能做到枯水、平水、丰水各两次，这对于水量、水质变化较大的河流来说，远不能满足管理的需要，因此传统的监测模式已经远不能适应和满足当前信息化管理工作的需求。另外，新时期水质污染呈现多样性发展，不仅要监测硬度、盐碱度等指标，而且要监测水质富营养程度，使得对监测设备的功能要求进一步提高。

为了提高水质监测系统的机动能力、快速反应能力和自动测报能力，以及对突发性水污染事件的预测、预报能力，必须进行水质自动监测技术的研究。

目前，我国主要江河、湖泊水体的水质总体上呈恶化趋势，水质监测任务十分繁重。为了满足水资源管理与保护工作发展的需求，必须提高水质监测技术的现代化和标准化以及管理制度化的水平。

虽然我国水资源总量居世界第六位，但是由于人口众多，再加上水污染十分严重，导致人均水资源非常紧缺。水质监测是水资源管理与保护的重要措施，通过水质监测来实时监控水体水系的现状，对防治水体污染有着重大意义。

从一般意义上来讲，水质监测的目的就是实时监控水体的现状，及时发现水质污染，对于治理水源、保护水质有着重大作用。随着水质监测工作整体水平的提高，水质监测的能力建设将会全面实施，水质监测系统的机动、快速反应能力和自动测报能力将大大提高，并能实现对水功能区内重点地区、重点水域和供水水源地的水质、大型企业的排污口的监测，进而提高水质监测信息数据传输和分析的效率。在满足各级水行政主管部门及社会公众对水质信息需要的同时，也将提高对突发恶性水质污染事故的预警预报的快速反应能力。

从建设绿色和谐社会及可持续发展的意义上讲，水质监测也有着重大的意义。水是生命之源，水质是环境保护的重要方向之一。中国水资源分布得极度不平衡，缺水问题严重，跨流域调水工程多，三峡工程建设、西部大开发、西藏"一江两河"开发，国际河流的开发利用与保护都对水质监测提出了更高的要求，也使水质监测具有了更加特殊的意义。如水权交易、国家间的水事磋商等都离不开水质监测数据。加强水资源管理与保护工作需要水质监测的配合，通过水质监测的基础数据来分析水的承载力，按照水功能区的不同，确认水环境容量，建立水环境的评估与决策模型，进而分析和掌握污染物水体中稀释扩散和自净化过程与平衡关系，制定减量或禁止排放的规划与实施方案，指导水利工程、治理工程，使水环境与社会经济协调发展。水资源管理与保护工作为经济发展服务，水利已成为社会经济持续发展的资源保障。

本书的水质监测系统投入使用后，将大大提高水质富营养化以及水体各项指标的监测能力，同时也将大大提高实时传输监控和水质污染预警能力。全国范围内水体环境监测能力的大幅提升，提高了对环境保护和管理的技术支持水平，这将有助于环境保护和管理部门及时、准确地掌握污水排放的环境质量及变化规律，为水环境管理和水污染防治提供有效的科学依据和准确的采样数据，从而降低决策的盲目性，增加决策的针对性；同时，也将降低水质监测的成本，为水质监测的可持续发展提供保障，有利于扩大环境信息的公开范围及增加环境管理的透明度，为公众参与监督和保护环境创造条件；此外，对我国的生态环境保护与建设绿色社会、提高人民生活环境水平也将发挥重要作用。

1.4 主要内容

针对目前我国水质污染情况严重、水质监测手段相对落后的现状，我们设计了基于生物监测的水质远程分析科学决策智能化环保系统。本系统设计的监控网络着眼于区域大流域监控，通过监控网络可直接监控某一地区的水质情况。

这一系统可在不同的地点设定多个监测点，实时监测水质数据，通过 3G 网络等无线移动通信网络将水质数据及时汇总至监控中心。监测点分为生物监测和电化学监测两部分。生物监测是通过直接监测水生生物的生长情况来监测水质情况，电化学监测则是通过电化学传感器直接测量水质数据。这样既保留了电化学监测技术成熟、测量准确的优点，又发挥了生物监测在全面性、直观性上的优势，弥补了传统电化学手段全面性和直观性差、反应速度慢的不足。

监测点采用太阳能供电，自身采用智能节电技术，不仅低碳环保，而且还能结合无线通信技术实现永久性野外无人监测站。监控中心可通过查看整个区域内所有监测点的实时水质信息，形成区域监测、实时监测的无线传感器网络。

生物识别是目前的前沿热点技术，涉及数字图像处理、人工智能、生物行为等诸多方面，融合了神经网络、专家系统等人工智能领域的新技术与新成果，具有很好的发展前景。

公众和环境人员还可以通过因特网访问监控中心网站，远程获取水质信息，这样不仅能够增强环保工作的透明性，也为环境监测部门网上办公提供了方便。监控中心还可实时显示各处水质信息，并通过大容量存储设备实时备份全区域水质数据。

整个系统运行时高度自动化、智能化，全程无人值守，可根据区域内其他监测点的水质信息对某一点做出预警，具有科学智能决策的能力，尤其对某些重大突发污染事件有较好的预警与突发应对效果。

第二章

系统综述及创新点

2.1　系　统　综　述

根据现阶段环境保护的要求，本系统设计了一套水质监控网络，设定了多个监测点，通过移动通信网络远程传输信息，组成无线传感网络，以便于系统监测水质状况。该监测网络的拓扑图如图 2-1 所示，其中心为监控中心，它将汇总各处水质情况并通过网站发布。

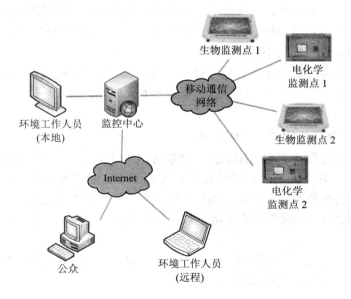

图 2-1　监测网络拓扑图

在该监测网络中，各处监测点通过以 3G 网络为主的移动通信网络与监控中心服务器相连接，实时上传各处水质信息。服务器接收水质信息后通过网站实时发布，公众和环境工作人员通过 Internet 访问监控中心网站即可了解当前各地的水质情况。

同时，监测点采用太阳能供电，符合低碳环保的要求。在节电管理技术的辅助下，即使在连续几周阴雨的天气条件下监测站也能正常工作；另外，通过结合无线通信技术，建成了永久性的野外无人值守监测站，真正实现了偏远地区的自动在线测量；此外，系统具有较好的兼容性，只需更换传感器即可将其转变为其他用途的永久性野外监测站，比如安装湿度和氮磷传感器后便可作为生态农业的监测站。

2.2 系统设计创新点

1. 生物监测与电化学监测结合

系统创新性地将基于图像处理与人工智能技术的智能生物监测应用到水质监测中，为水质监测提供了新方法和新思维。

本系统将新兴的生物监测技术与传统监测手段相结合，达到了综合测量分析的目的。二者的结合，既保留了电化学监测技术成熟、测量准确的优点，又发挥了生物监测在全面性、直观性上的优势，弥补了传统监测手段在实时性、全面性、有效性方面的不足。

生物监测融合了数字图像处理技术、图形加速技术、模式识别技术、专家系统等信息学领域、人工智能领域的新技术和新成果，具有科技含量高、发展前景好的特点。

2. 大量使用太阳能，低碳环保

本系统中监测点采用太阳能为主要能源，同时辅以智能节电管理技术，将整个系统的功耗降到最低，即使在长期阴雨季节也能通过自身蓄电池完成续航，解决了传统监测方案中长期困扰人们的野外监测站的供电问题，大大降低了系统部署成本。同时采用太阳能更加符合低碳环保的要求，达到了"零排放"的效果。

系统中无纯化学监测部分，不会产生反应后的废液等化学废弃物，杜绝了次生污染，从而与环境和谐发展。

3. 大量采用物联网技术

本系统依托无线通信网络和因特网，建立了大区域、实时监测的无线传感网络。

系统经部署后，形成生物特征监测点、野外监测站、监控中心的多点立体化监测网络，可以轻松掌控全区域的水质情况，形成有效的水质监测网络。

依托覆盖广泛的无线通信网络和太阳能技术，监测点的部署摆脱了空间限制，使野外无人智能检测、大流域统筹监测成为可能。

依托全球覆盖的因特网，世界各地的人们可随时远程访问环境中心网站，实时了解水质数据。同时，各个省市地区的监控中心可通过因特网建立全国性的监测网络。

4．高度信息化、智能化

本系统以高速发展的信息技术为支撑，建立了全程无人值守的智能化监测网络，具有实时监测、自动备份、自动上传、智能判断等功能。

监控网络部署后，可大大降低环境工作人员的工作强度，提高工作效率，将环境工作人员从大量低技术含量的重复劳动中解放出来。

本系统投入使用后，将大大增强全国范围内水环境监测能力，特别是富营养化等采用传统手段监测困难的污染类型的监测能力，通过监控网络监控全流域水质情况，大大提高了环境管理水平，使环境工作人员可以实时掌握全区域的水质情况，避免了因信息不足而造成的决策错误和决策延误。同时，该系统将有利于扩大环境信息公开范围，增加环境管理透明度，为公众参与和监督环境保护创造了条件。

第三章

水质监控中心

　　水质监控中心(监控中心)是水质监控网络的核心决策部分，负责接收汇总各地监测站的测量数据，实时显示全流域的水质信息，达到区域统筹监控的效果。该中心与监测站组成了一个集水质信息采集、传输、存储、查询、分析和超标报警为一体的网络化的信息系统。

　　监控中心主要由水质数据库、监控软件、网站和短信平台构成。监控中心通过无线移动通信模块接收各地监测站发来的信息，将全流域水质信息存储在水质数据库中，通过监控中心软件实时显示各地水质数据和相关图表，同时在网站上动态发布相关信息，供公众查询和远程工作人员获取。此外，监控中心设有短信平台，以便不在中心的工作人员随时获取水质信息。监控中心拓扑图如图 3-1 所示。

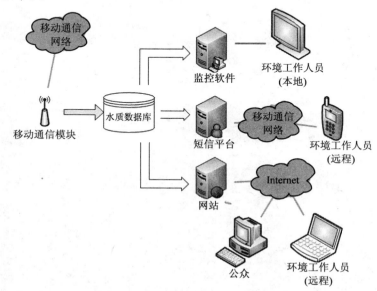

图 3-1　监控中心拓扑图

3.1　监控中心编译软件 LabVIEW 介绍

LabVIEW(Laboratory Virtual Instrument Engineering Workbench)是一种使用图标代替文本行编写程序的图形化编程语言，用于快速创建灵活的、可升级的测试、测量和控制应用程序。这种图形化程序开发环境是由美国国家仪器(NI)公司研制开发的，类似于 C 和 BASIC 开发环境，但是 LabVIEW 与其他计算机语言的显著区别是：其他计算机语言都是采用基于文本的语言产生代码，而 LabVIEW 使用的是图形化编辑语言 G 编写程序，产生的程序是框图的形式。与 C 和 BASIC 一样，LabVIEW 也是通用的编程系统，有一个可以完成任何编程任务的庞大函数库。LabVIEW 的函数库包括数据采集、GPIB、串口控制、数据分析、数据显示及数据储存等。

LabVIEW 的主要特点有：① 尽可能采用通用的硬件，各种仪器的差异主要在于软件；② 可充分发挥计算机的能力，有强大的数据处理功能，并且可以创造出功能更强大的仪器；③ 用户可以根据自己的需要定义和制造各种仪器；④ 尽可能利用技术人员、科学家、工程师所熟悉的术语、图标和概念，因此使快速高效地创建应用程序成为可能。LabVIEW 软件界面如图 3-2 所示。

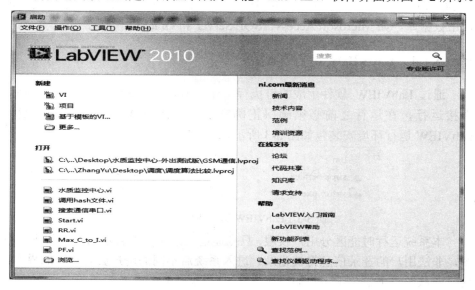

图 3-2　LabVIEW 软件界面

LabVIEW 包含了多种数学运算函数，特别适合进行模拟、仿真、原型设计等工作。在设计机电设备之前，可以先在计算机上用 LabVIEW 搭建仿真原型，验证设计的合理性，找到潜在的问题。

☞ 3.1.1 LabVIEW 工具包

NI 公司针对不同的应用领域开发出了多款工具包。本系统的应用程序使用了 LabVIEW 2010 Report Generation Toolkit for Microsoft Office 和 LabVIEW 2010 Database Connectivity Toolkit 两个工具包。

☞ 3.1.2 报表生成工具包

报表生成工具包可方便用户快速自定义报表，用户可以通过编程在 Word 或 Excel 中编辑或创建报表。

☞ 3.1.3 数据库连接工具包

NI LabVIEW 数据库连接(Database Connectivity)工具包提供了一套简单易用的工具，使用户能快速连接本地或远程数据库，并且无需进行结构化查询语言(SQL)编程就可以执行诸多常用的数据库操作。用户还可以方便地连接各种常用数据库，如 Microsoft Access、SQL Server 和 Oracle。

☞ 3.1.4 LabVIEW 运行环境

通过 LabVIEW 软件生成的可执行文件，不能在未安装 NI 产品的电脑上直接运行，在运行之前必须确保正确安装了 LabVIEW 2010 运行环境。LabVIEW 运行环境安装包如图 3-3 所示。

图 3-3　LabVIEW 运行环境安装包

本系统运行时能区分用户权限，只有通过登录认证的合法用户才能进入系统，非法用户的登录信息将被记录。进入系统后不同的用户会有不同的界面，这样就从源头上避免了用户的越权操作。

监控软件具有记录查询、数据恢复、实时显示等功能，同时包含了对监控中心和短信平台的设置功能。

3.2 系 统 概 况

系统概况功能主要是反映当前系统的信号强度、超标数据和连接站点的总数，方便用户管理和分析数据。

程序的编写采用了事件结构，其中的事件是"超时事件"，每隔 10 s，系统概况就会刷新一次界面。超时分支的代码如图 3-4 所示。

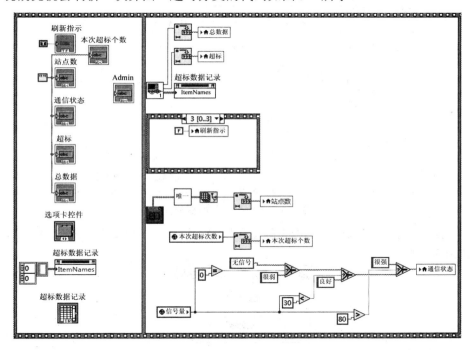

图 3-4 超时分支的代码

从图 3-4 中可以看到，每隔一定的时间，程序就会自动读取信号量、数据库和超标数据，从而刷新系统当前数据。

3.3 参 数 配 置

参数配置包括通信端口参数配置、数据库存储位置配置和决策标准配置等相关信息。通信端口的配置是指配置读取 SD 卡内容时需要的参数，包括串口号、停止位、硬件流控制、数据位、波特率和读取延时。参数配置前面板界面如图 3-5 所示。

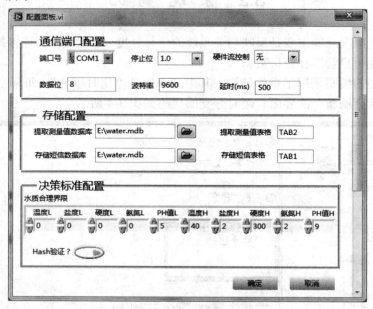

图 3-5　参数配置前面板界面

配置好相关参数后，点击"确定"按钮，程序会弹出更改生效的提示框，如图 3-6 所示。

图 3-6　更改生效提示框

为了记住用户所设置的参数，可选用全局变量来保存这些参数。在一次运行的过程中，当用户再次修改参数时，程序依然记录的是上次的参数。

3.4　通信串口自动搜索

为了简化程序操作，特别增加了串口自动搜索 VI，因而无需操作人员在

我的电脑→属性中查找所连接的端口号。其实现原理就是利用了 GSM 模块的
AT 指令，依次在电脑所有的串口上发送 AT 指令，在规定的时间内等待响应，
若返回值不包含"OK"字符串或者没有返回值，那么继续下一个端口，直到
返回值中遇见"OK"字符串，立刻终止端口扫描，并将该端口指定为通信端
口。若所有的端口都不是通信端口，那么程序设定会弹出对话框，提示未找到
串口。

　　连接好 GSM 模块，运行软件，界面如图 3-7 所示。

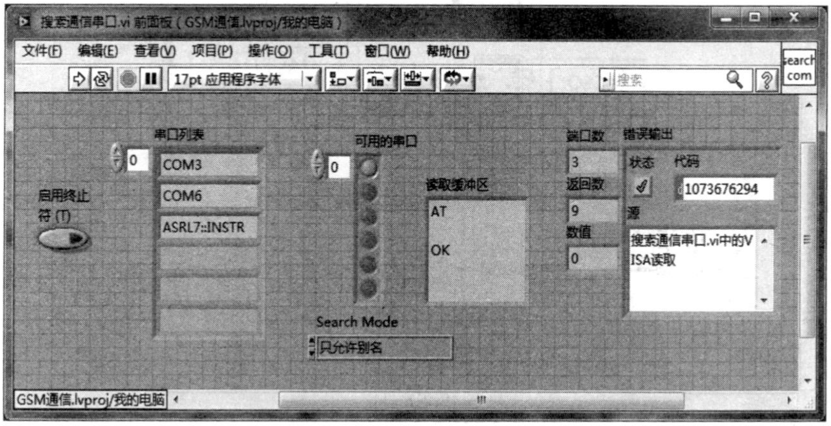

图 3-7　搜索判断串口(1)

　　从图 3-8 中可以看到，本机共有 3 个串口，目前发现第一个串口可用，并
且返回值包含"OK"字符串，因此停止继续搜索端口，将第一个串口设置为
通信端口。

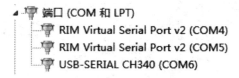

图 3-8　查看电脑端口

　　但是，在"我的电脑"→"管理"→"设备管理器"中看到，USB-SERIAL
CH340 的 COM 口为 6，并不是 COM3，经分析原因得出，图 3-7 中所示的 COM3
是 BlackBerry 的蓝牙串口。由于运行程序的电脑其蓝牙是打开的，BlackBerry
也相当于一个 GSM 模块，但因功能有限，经验证一些指令不支持。后经试验
发现，有时虽然 BlackBerry 的蓝牙模块并未打开，但是程序的读取缓冲区却收
到了"OK"字符串，因此猜测可能是串口的一种机制，为此我们将自动搜索

串口发送的 AT 指令换成了"AT+CSQ"查询信号强度，这样可以避免非通信端口的干扰。

在读取缓冲区中查找有没有"OK"和"CSQ"字符串，若有则将二者进行与运算，即可解决非通信端口的干扰问题，如图3-9所示。

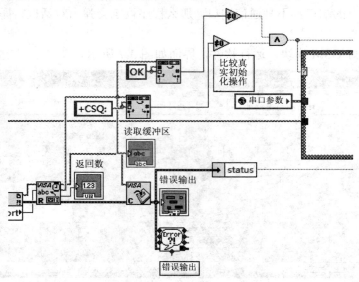

图3-9 判断串口发送指令

连接好 GSM 模块，再次运行软件，界面如图3-10所示。

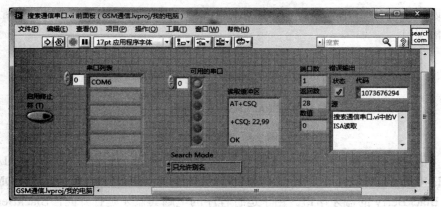

图3-10 搜索判断串口(2)

去掉 GSM 模块，运行软件，则运行结果如图3-11所示。图3-12为无端口提示框。

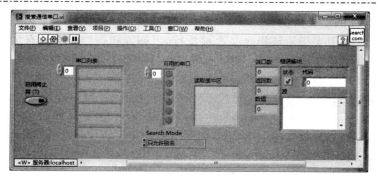

图 3-11　搜索判断串口(3)

图 3-12　无端口提示框

从图 3-11 中可以看出，软件遍历了所有端口，没有发现可用端口，因此可用端口那个数组的前两个指示灯是灭的，由于只有两个端口，因此其他的指示灯显示灰色未使用状态。

3.5　GSM 模块的初始化

在和 GSM 模块正常通信之前需要对 GSM 模块进行初始化的一系列设置，包括回显、短信格式、清空短信和获取信号强度 RSSI 等。因此本程序采用了流水式测试，如图 3-13 所示。

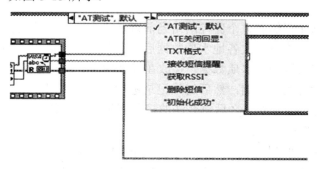

图 3-13　GSM 模块初始化指令

测试 VI 的运行界面如图 3-14 所示。从图中可以看到每一个指令后面都有一个指示灯，用来指示该指令是否被执行。"删除短信"指令没有加载，由于执行该指令需花费 12 s，考虑到每次打开软件都要等十来秒很浪费时间，因此该指令暂时被屏蔽，需要的时候可以随时启用该指令。

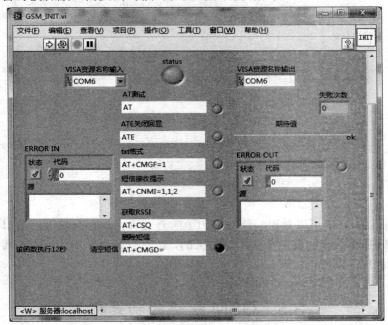

图 3-14　GSM 模块初始化测试界面

3.6　数据库的设计

水质数据库存储着整个监控网络当前以及历史的水质数据。

移动通信模块在接收各地水质数据后，首先将原始记录在数据库中备份，之后将原始记录解释为水质数据，存放在数据库中，供软件和网站调用。系统对所有记录信息进行存储，然后对该记录进行特征值提取、哈希加密、比对、判断记录信息的合法性，之后将合法的记录解释为水质数据，进行参量提取与存储，并在监控中心界面上进行实时更新处理。如果接收到的合法数据超过规定水域的国家标准则发出警告信息，并将该条信息单独存储，以便工作人员查阅。因此本系统需要数据记录表和测量信息表，分别如表 3-1 和表 3-2 所示，图 3-15、图 3-16 所示为对应的截图信息。

表 3-1 数据记录表

字段名称	字段大小	类型	表示信息	详细内容
ID	32	文本	主键	该项由数据库自身填写
PhoneNum	20	文本	电话	记录发送站电话
Send_Time	20	文本	发送时间	记录发送时间
Recv_Time	20	文本	接收时间	记录接收时间
Data	200	文本	数据	记录采集数据内容
Format	1	文本	格式	发送数据是否满足指定格式
Info	5	文本	数据个数	发送数据测量值的个数
Hash	32	文本	Hash 值	加密值
Name	10	文本	站名	监测站名
Legal	1	文本	数据合法	加密值是否满足
Time_Eff	1	文本	时间有效性	接收数据是否满足时效性

表 3-2 测量信息表

字段名称	字段大小	类型	表示信息	详细内容
ID	32	文本	主键	该项由数据库自身填写
Msg_ID	32	文本	数据主键	"数据记录表"的主键
PhoneNum	20	文本	电话	记录发送站电话
Send_Time	20	文本	发送时间	记录发送时间
Recv_Time	20	文本	接收时间	记录接收时间
Hash	32	文本	Hash 值	加密值
Name	10	文本	站名	监测站名
Legal	1	文本	数据合法	加密值是否满足
Time_Eff	1	文本	时间有效性	接收数据是否满足时效性
Type	20	文本	类型	测量值的类型
Data	10	文本	测量值	测量值

ID	Phone_Num	Send_Time	Recv_Time	Data
56	+8613772104178	12/05/23,19:38	12/05/23,19:39	000549+03+184961+04+009123
57	+8613772104178	12/05/23,19:44	12/05/23,19:45	00+024701+01+000658+02+000549
58	+8613772104178	12/05/23,19:44	12/05/23,19:45	00+024701+01+000658+02+000549
59	+8613772104178	12/05/23,19:45	12/05/23,19:46	00+040701+01+000658+02+000549
60	+8613772104178	12/05/23,19:46	12/05/23,19:47	00+043701+01+000658+02+000549
61	+8613772104178	12/05/23,19:47	12/05/23,19:48	00+043701+01+000658+02+000549
62	+8613772104178	12/05/23,19:57	12/05/23,19:58	00+043701+01+000658+02+000549
63	+8613772104178	12/05/23,19:57	12/05/23,19:58	00+023701+01+000658+02+000549
64	+8613772104178	12/05/23,19:58	12/05/23,19:59	00+023701+01+000658+02+000549
65	+8613772104178	12/05/23,20:00	12/05/23,20:01	00+023701+01+000658+02+000549
66	+8613772104178	12/05/23,20:07	12/05/23,20:08	00+024701+01+000658+02+000549

图 3-15　数据记录表截图

ID	Msg_ID	Phone_Num	Send_Time	Recv_Time	Hash
30	100	+8613772104178	12/05/24,10:10	12/05/24,10:11	awvpgin46ulkksfu
31	103	+8613772104178	12/05/24,10:13	12/05/24,10:13	awvpgin46ulkksfu
32	103	+8613772104178	12/05/24,10:13	12/05/24,10:13	awvpgin46ulkksfu
33	103	+8613772104178	12/05/24,10:13	12/05/24,10:13	awvpgin46ulkksfu
34	103	+8613772104178	12/05/24,10:13	12/05/24,10:13	awvpgin46ulkksfu
35	103	+8613772104178	12/05/24,10:13	12/05/24,10:13	awvpgin46ulkksfu
36	104	+8613772104178	12/05/24,10:13	12/05/24,10:14	awvpgin46ulkksfu
37	104	+8613772104178	12/05/24,10:13	12/05/24,10:14	awvpgin46ulkksfu
38	104	+8613772104178	12/05/24,10:13	12/05/24,10:14	awvpgin46ulkksfu
39	104	+8613772104178	12/05/24,10:13	12/05/24,10:14	awvpgin46ulkksfu
40	104	+8613772104178	12/05/24,10:13	12/05/24,10:14	awvpgin46ulkksfu

图 3-16　测量信息表截图

3.7　记 录 查 询

对于已经存储在数据库中的数据，当需要后续分析的时候，可以通过记录查询功能来查看，记录查询面板如图 3-17 所示。在选择好数据库和工作的表格后，点击"读取"按钮就可看到所有存储的水质信息，其中包括站点编号、发送信息时间、五项水质信息以及 Hash 校验结果。

图 3-17　记录查询面板

图 3-18 所示为程序框图。清空所有表格后，利用事件结构来判断用户点击的是哪一个按钮，进而进入各自相应的程序页面。

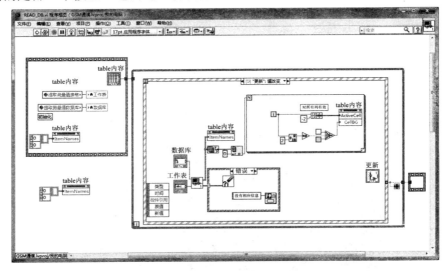

图 3-18　程序框图

3.8　报表生成

报表生成包含日期、时间、操作人员、站名和数据等信息。用户可以将某一站名的水质信息生成 Excel 表。这样可以将某一地理位置的水质情况汇报给有关部门，加快反馈信息的速度。设计的报表生成框图和测试界面分别如图 3-19 和 3-20 所示。

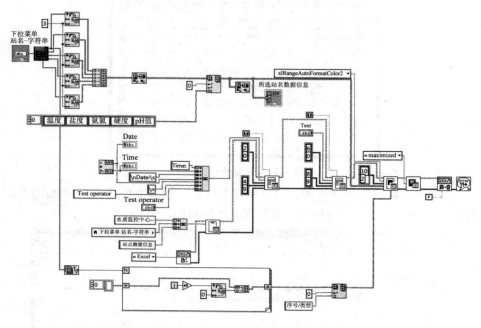

图 3-19　报表生成框图

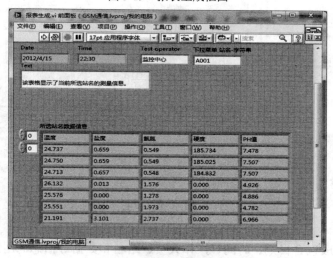

图 3-20　报表生成测试界面

当选择打印当前站名的历史数据信息时，监控中心软件会立即调用 Excel 软件，显示精美的历史信息表格。报表结果如图 3-21 所示。

| A | B | C | D | E | F | G | H | I | J |

1	水质监控中心--A001站点测量信息
3	Time: 22:30
4	Date: 2012/4/15
5	Test operator: 监控中心
7-8	该表格显示了当前所选站名的测量信息。

序号\类型	温度	盐度	氨氮	硬度	PH值
1	24.737	0.659	0.549	185.734	7.478
2	24.75	0.659	0.549	185.025	7.507
3	24.713	0.657	0.548	184.832	7.507
4	26.132	0.013	1.576	0	4.926
5	25.576	0	1.278	0	4.886
6	25.551	0	1.973	0	4.782
7	21.191	3.101	2.737	0	6.966
8	24.701	0.658	0.549	184.961	6.494

图 3-21　生成报表截图

3.9　通讯录操作

为了方便控制 GSM 设备(扩展的功能设备)，水质监控中心还添加了通讯录功能，其简易界面如图 3-22 所示。

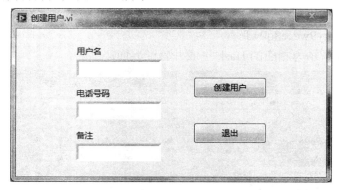

图 3-22　创建用户界面

另外，当创建联系人的时候，该 VI 通过读取"通讯录.txt"文件来判断是否有重名的用户，如果有重名就会给出"用户名已存在"的提示信息；如果没有重名，就会给出"创建成功"的提示信息，如图 3-23 所示。

图 3-23　创建用户后的反馈信息

3.10　Hash 加密验证

为了验证发送端即站点是否合法，本系统采用了 Hash 验证算法。具体协议如下：下位机将发送短信的时间和站名作为明文，经过 Hash 算法生成一个 16 位的字符串；上位机收到此条短信，提取网络发送时间和短信中的站名，采用同一套 Hash 算法，也生成一个 16 位的字符串，并比较短信中的 16 位字符串和上位机生成的 16 位字符串是否相同，如果相同则数据满足合法的必要条件，不同则舍弃。

例如：

时间：2012 年 4 月 29 日 下午 1 点 21 分

站名：A338

则输入的明文为：

201204291321A338

Hash 加密值为：

feygty9weee8q0wf

图 3-24 所示为相应的 Hash 生成并验证界面。

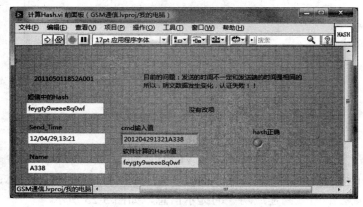

图 3-24　Hash 生成并验证界面(1)

按照图 3-24 运行程序会存在这样的问题：发送端下位机的本地时钟不一定和网络时间一致，因此所要加密的明文可能会不一样，导致认证失败！

解决方法：前提是下位机的时间和网络时间相差在 5 分钟内，接收端上位机可以用补偿的方法来避免这个时间差，这样共 11 种时间，上位机生成响应的 11 个 Hash 值，只要下位机发送的 Hash 值和这 11 个 Hash 值中的一个相同，就说明下位机合法，否则丢弃该数据。修改后的方案截图如图 3-25 所示。

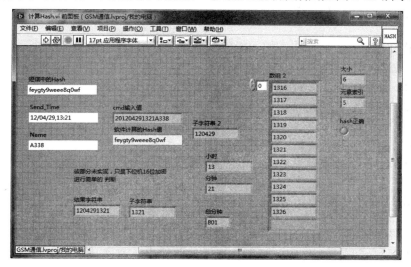

图 3-25　Hash 生成并验证界面(2)

3.11　软件测试与结果

☞ 3.11.1　测试环境

表 3-3 给出了该软件的测试环境。

表 3-3　测试环境

类　别	指　标
操作系统	Windows 7
软件环境	LabVIEW 2010 运行引擎
VISA 环境	NI-VISA Runtime 5.0
外接设备	GSM 模块

☞ 3.11.2　测试方案

要想全面完整地测试水质监控上位机软件的各个功能，除了上面的测试环境要求外，还需要一部测试手机，例如 BlackBerry9500 手机，通过它将此次测试结果以实物照片和手机截屏的形式展现出来。

☞ 3.11.3　测试内容

软件可以运行，说明大的功能模块基本没有问题，现在对其进行测试，测试内容包括：

(1) 公众短信查询测试；

(2) 报表生成测试；

(3) 预警指示灯测试；

(4) 超标数据汇总显示测试；

(5) Web 远程控制水质监控中心测试。

☞ 3.11.4　功能测试截图

下面分别进行公众短信查询测试、报表生成测试、预警指示灯测试、超标数据汇总显示测试以及 Web 远程控制水质监控中心测试。

1. 公众短信查询测试

短信查询可供公众人员更加方便地获取水质信息。图 3-26 右图中的 GSM2是上位机软件所连接的 GSM 模块的电话，使用 BlackBerry 9500 手机发送查询站点的水质情况时，只需发送站名即可。当公众发送正确站名(数据库中已有的站名)的时候，上位机控制 GSM 模块，并将公众所需的最新水质信息发送给公众，短信中的具体参数意义如表 3-4 所示。

表 3-4　短信参数说明

内　容	参 数 意 义
12/05/23,21:27, A108;	水质信息更新时间和站名
T	温度(℃)
S	盐度(%)
N	氨氮(mg/L)
H	硬度(mg/L)
pH	pH 值(1)

手机和监控中心短信截图如图 3-26 所示。

图 3-26　手机和监控中心短信截图

2．报表生成测试

报表生成包含了日期、时间、操作人员、站名和数据等信息。用户可以方便地将某一站名的水质信息由 Excel 表格来生成，如图 3-27 所示。

图 3-27　生成报表截图

3. 预警指示灯测试

当上位机接收的合法数据中有超过阈值的参数时，上位机就会将"数据超标指示"指示灯以红色显示(正常情况是绿灯)，如图3-28所示。

图3-28　预警指示灯测试截图

当有短信到来并且被 **GSM** 模块完全接收时，那么"短信接收提醒"指示灯会亮起来(亮绿色)，没有短信触发时指示灯熄灭(暗绿色)，如图3-29所示。

图3-29　短信指示灯测试截图

4. 超标数据汇总显示测试

系统概况→超标数据栏中包含所有的超标数据，并且该数据每隔一段时间就会自动更新一次(刷新指示灯会闪烁)，便于用户分析，如图3-30所示。

图3-30　超标数据汇总显示

5．Web 远程控制水质监控中心测试

首先主机务必事先运行该软件，将数据加载进内存，局域网用户应使用较高版本的 IE 浏览器，输入地址 http://222.24.12.155:8000/Remote.html 即可远程访问并控制水质监控软件，如图 3-31 所示。

图 3-31　Web 远程控制

☞ 3.11.5　上位机运行画面截图

1．动态画面显示

开始打开软件时，系统会显示调用的动态图片，如图 3-32 所示。

图 3-32　软件启动动态画面显示

2. 系统概况

系统概况显示了系统的当前运行摘要，包含移动通信模块通信信号状态、当前连接的站点数目、数据库中的数据条数、超标数据条数等信息，如图 3-33 所示。

图 3-33　系统概况

3. 配置面板

在该面板中可以配置通信的端口(当自动搜索端口失败时，或者端口改变时)、数据库路径，同时提供水质监测标准的设置功能，如图 3-34 所示。

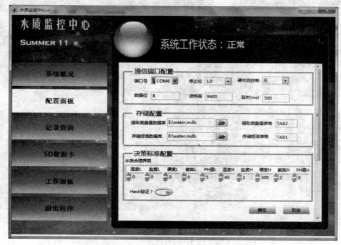

图 3-34　配置面板

4．记录查询

记录查询功能就是将数据库中的所有信息读取并显示出来，如图3-35所示。

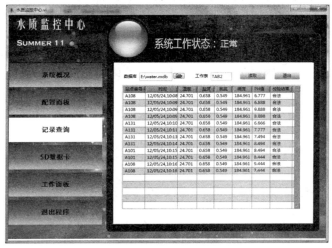

图 3-35　记录查询

5．工作面板

工作面板是监控软件的主要工作界面，可动态实时显示监测站的**水质数据**，并提供折线图分析功能。发信界面也可以提供英文短信息的发送、**通讯录**的添加、删除等操作，如图3-36所示。

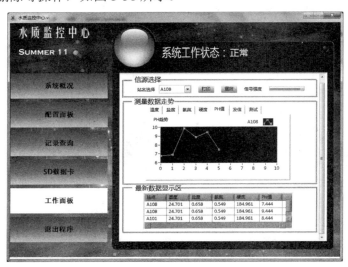

图 3-36　工作面板

6. 结果与分析

　　以上测试分析表明，本系统水质监控中心能根据接收到的短信，及时准确地判断其合法性，将所提取的水质参数与规定值比较，并做出预警。短信平台的正常工作为公众提供了获取水质信息的便利途径。

　　测试结果表明，上位机软件各功能模块运行正常。系统界面简洁美观，另外，该软件还加入了容错处理机制，更加人性化的提示信息方便了用户操作。

第四章

电化学传感器及硬件电路

4.1 传统电化学检测方法面临的问题

电化学传感器检测是一种发展比较成熟的水质监测方法，具有测量准确、数据类型多样的特点，目前已被广泛使用。

目前常用的水质检测方法主要有两种：一是人工定期到被监测水域提取水样，送到专业实验室通过纯化学化验或电化学传感器测量得出水质指标；二是工作人员定期携带便携式水质测量仪器到指定水域测量记录，汇总到环境中心。

显然，这两种检测方法在实时性、全面性及区域统筹性方面存在严重的问题，无法达到目前水环保工作的要求，并且成本高、周期长、环保人员工作强度大、效率低，无法及时有效地反映水质情况。

水污染事件复杂多样，有些工业污水成分复杂，排放没有规律，农业面源污染随生产时节变化明显，同时水质的变化还受汛期洪水、降雨的影响，许多因素都将导致水质频繁变化，传统的检测方法无法及时、连续地反映水质信息，在有效性方面存在严重问题。

水质监测是一个区域统筹性问题，特别是在一些大流域的水质监控中，传统检测点监测和人工上报汇总的方式让我们无法及时地了解全流域的信息，进行统筹防控；此外，对于交通不便的野外偏远地区，传统方法无法监测，信息获取的全面性较差，也不利于形成区域网络监控。因此，必须采用网络监控的方式。

4.2 总体设计思路

针对传统检测方法的问题，我们设计了基于太阳能智能化电化学监测站，它满足以下三点要求：

(1) 能够自动实时监测水域水质情况，且全程无人值守。

(2) 能够长期部署在没有市电、没有有线通信网络的偏远野外环境，并正常工作、通信。

(3) 能够及时向监控中心上传水质数据。

图 4-1 所示为电化学监测站总体拓扑图。

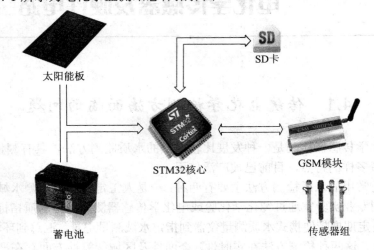

图 4-1　电化学监测站总体拓扑图

电化学监测站采用 STM32 核心，通过电化学传感器测量水质数据，并将数据记录在 SD 卡中，同时发回到监控中心。其全程由嵌入式程序控制，无人值守。

供电方面采用太阳能电池板和蓄电池供电，同时采用了智能电源管理技术，将系统功耗降到很低的水平，满足了系统长期在野外工作的需求。

通信方面采用目前国内覆盖较广的 GSM 网络，满足了实时通信的要求，同时 GSM 网络在偏远地区也有较高的覆盖率，能够满足野外监测站通信的要求。

4.3　硬件设计流程图

监测站控制核心选用意法半导体(ST)公司的 STM32 处理器，使用太阳能板采集能源，蓄电池维持系统续航，通过太阳能控制器为系统供电。核心板依照智能策略通过控制继电器组控制其他部分的供电，达到节电的目的。电化学传感器的信号通过放大电路与 A/D 转换电路进入核心板，获取水质信息。测得的水质信息可实时地保存在 SD 卡中备份，同时通过 GSM 网络上传到监控中心。监测站同时设置了 LCD 显示屏与键盘，方便工作人员进行操作。该电化学监测站拓扑图如图 4-2 所示。

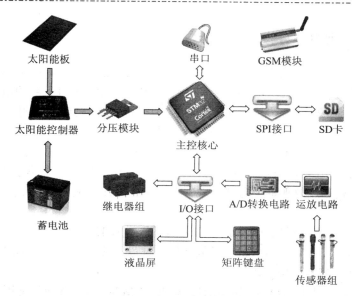

图 4-2　电化学监测站拓扑图

4.4　电源模块设计

以利用太阳能为中心思路，结合具体模块的实际需要，设计了如图 4-3 所示的电源系统。

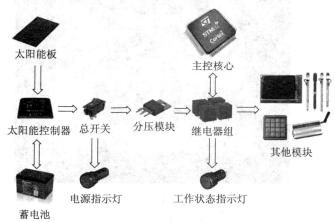

图 4-3　供电模块拓扑图

☞ 4.4.1 供电部分设计

监测站使用太阳能作为唯一能源，使用蓄电池存储电能，维持系统续航。

在光照充足的情况下，太阳能板将产生 20 V 的电压和 1.5 A 的电流，通过太阳能控制器稳压到 12 V 后为系统供电，并为蓄电池充电。在阴雨天气，太阳能板仍能产生 17 V 左右的电压和 0.8 A 左右的电流，此时主要为系统供电。当光照严重不足时，太阳能板电压降至 12 V 以下，此时使用电池维持续航。

太阳能控制器可以自动判断和控制输入、输出和电池端电压与电流，防止电池出现过充和过放现象，同时对输出电流进行稳压滤波，为系统提供稳定的供电。

太阳能控制器输出的电流通过分压模块分压为 12 V 与 5 V。其中 12 V 为 GSM 模块供电，5 V 为核心板、运放电路、键盘、液晶屏及传感器供电。同时还预留了一个 12 V 输出以便扩展。

分压模块主要由 78H05 和 78H12 构成。LM7805/12 系列是常用的三端稳压集成电路，78H05 和 78H12 是其中的大功率型号。先由 78H12 将输入电压稳定为 12 V，再经 78H05 输出 5 V 电压。

输入端和输出端分别使用三个典型值的电容并联，进一步优化输出电流。同时，引出一个电压测量接口，以便直接测量电池电压。

分压模块如图 4-4 所示。

图 4-4　分压模块

在太阳能控制器和分压模块间设置了总电源开关。总电源开关位于主面板上，同时也在主面板上设置了电源指示灯，如图 4-5 所示。

图 4-5　电源开关与电源指示灯

☞ 4.4.2　电源管理设计

在本系统中，GSM 模块、运放电路和液晶显示模块等部分在工作时功耗较大，为了降低系统整体功耗，提高蓄电池寿命，设计了智能电源管理技术。

在系统待机时，只维持核心板加电，此时系统的功耗只有毫瓦级别。当采集水质数据或进行其他工作时，核心板控制继电器组给相关模块供电。

核心板依照智能控制策略进行电源管理，依照计划任务和各部分相应的性能数据进行智能控制，较好地平衡了系统功耗、切换时延以及系统寿命。

在工作状态下，核心板也会点亮主控制面板上的工作指示灯进行提示，如图 4-6 所示。

图 4-6　工作指示灯

4.5　传感器及信号处理模块的设计

☞ 4.5.1　温度传感器

1. 温度传感器简介

铂热电阻是利用铂丝的电阻率随温度的变化而变化这一基本原理设计和制作的。铂属于贵重金属，具有耐高温、温度特性好、使用寿命长的特点。图

4-7 所示为温度传感器实物图。

图 4-7　温度传感器

实际测量电路中，测的是铂电阻的电压量，因而需要由铂热电阻的电阻值导出相应的电压值与温度之间的函数关系，即 $U_t = f(R_t) = f[f(t)]$，从而计算实际的温度。

在 0℃时，电阻值 R(℃)的大小分为 10 Ω(分度号为 Pt10)和 100 Ω(分度号为 Pt100)等，测温范围均为 −200℃～850℃。100 Ω 的铂热电阻主要用于 650℃以下的温区，对应电阻值如表 4-1 所示。相比于其他测温元件来说，铂热电阻具有抗腐蚀效果好的优点，适用于污染水域温度的测量工作，故选用 Pt100 测量采样水的温度。

表 4-1　温度在 30℃～90℃时 Pt100 阻值(实测值)

温度/℃	30	40	50	60	70	80	90
阻值/Ω	111.67	115.54	119.40	123.24	12/.083	130.90	134.71

2. 温度传感器处理电路

由于铂热电阻随温度的变化其阻值的变化相对微弱，故要测量这种微弱变化最有效的方法就是利用电桥，其处理电路如图 4-8 所示。

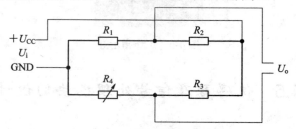

图 4-8　温度传感器(双臂电阻电桥)处理电路

图 4-8 为温度传感器(双臂电阻电桥)处理电路，电桥各臂的电阻分别为 R_1、R_2、R_3、R_4，U 为电桥的直流电源电压。当四臂电阻 $R_1 = R_2 = R_3 = R_4 = R$ 时，称为等臂电桥，电桥平衡的条件为

$$R_1 \cdot R_3 = R_2 \cdot R_4$$

电桥平衡后，任何一个电阻阻值发生变化时输出电压都会随之发生相应的变化。在图 4-8 中：

$$U_o = \left(\frac{R_4}{R_3 + R_4} - \frac{R_1}{R_1 + R_2} \right) \cdot U_i$$

令

$$R_2 = R_3, \ R_1 = R_4 + \Delta R$$

则

$$U_o = \frac{U_i \cdot R_3}{(R_1 + R_3)(R_4 + R_1 + \Delta R)} \cdot \Delta R$$

当 $R_1 + R_3$ 远大于 ΔR 时，上式可以进行线性化处理。当 $U_{CC} = 5\ \text{V}$，$R_1 = R_2 = R_3 = 2.1\ \text{k}\Omega$，$R_4 = 2.0\ \text{k}\Omega + R_t$ 时，输出电压 U_o 的范围为 $0 \sim 0.020\ 07\ \text{V}$。由此可见，$U_o$ 的变化尽管满足线性规律，但是变化范围太小，其处理的方法是利用放大器 AD620 将其放大到 $0 \sim 3.3\ \text{V}$。

☞ 4.5.2　硬度传感器

1. 硬度传感器简介

硬度传感器为有源传感器，用于检测液体中的硬度值，其输出信号为微小的电压信号，其测量的线性范围为 $10^{-1}\ \text{mol/L} \sim 5 \times 10^{-5}\ \text{mol/L}$，pH 值范围为 5.0 ~ 10.0。图 4-9 为硬度传感器的实物图。

图 4-9　硬度传感器

2. 硬度传感器处理电路

硬度传感器处理电路如图 4-10 所示，其前端为由 AD620 组成的信号放大电路。AD620 的 2 脚接地；3 脚接传感器的输出信号；1、8 脚接电位器，以调节电路的放大增益；6 脚输出放大后信号，接后端 OP07 电路。后端 OP07 电路原理同 pH 值处理电路。

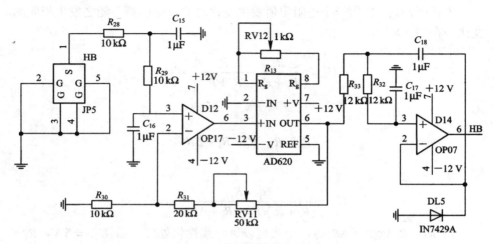

图 4-10　硬度传感器处理电路

4.5.3　盐度传感器

1．盐度传感器简介

盐度传感器为有源传感器，与其他几个传感器不同的是，其输出为电流信号，用于检测被测液体的盐度。盐度传感器对于盐度较高水域的监测有着反应快、精度高的特点。图 4-11 所示为盐度传感器实物图。

图 4-11　盐度传感器

盐度传感器包含两个距离固定的电极，电极间是被测溶液。测量时两电极间加一个固定的电压，其间将有微弱电流通过，以此测量水的导电率，从而测量水的盐度。

2．盐度传感器处理电路

盐度传感器处理电路如图 4-12 所示。因为盐度传感器输出电流信号，所以直接用简单的分压电路即可将输出信号变为 0～3.3 V。

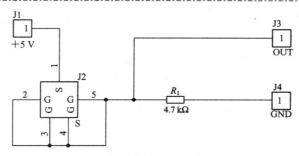

图 4-12 盐度传感器处理电路

☞ 4.5.4 氨氮传感器

1. 氨氮传感器简介

氨氮传感器为有源传感器，输出信号为微小的电压信号，用于检测液体中的氨(NH_3)和氮(N)的含量。其测量线性范围为1×10^{-1} mol/L～1×10^{-5} mol/L，检测下限为5×10^{-6} mol/L。图 4-13 所示为氨氮传感器实物图。

图 4-13 氨氮传感器

2. 氨氮传感器处理电路

图 4-14 所示为氨氮传感器处理电路。

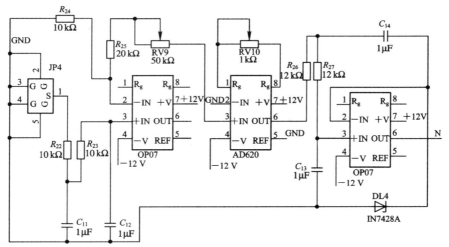

图 4-14 氨氮传感器处理电路

在图 4-14 电路中，前端为由 AD620 组成的信号放大电路，其中 2、5 脚接地，3 脚接传感器的输出信号，4、7 脚分别接 −12 V、+12 V 电源，1、8 脚接电位器，以调节电路的放大增益。后端 OP07 起电压跟随器的作用，使前、后级电路之间互不影响，其原理同 pH 值处理电路。

☞ 4.5.5 pH 传感器

1．pH 传感器简介

pH 传感器为有源传感器，输出信号为微小的电压信号，用于检测液体中的酸碱度。当液体呈酸性时传感器输出为正，呈碱性时输出为负。传感器的主要特点为：低维护特性，工作温度为 −5℃～80℃，pH 值为 0～14；其内核充装电解质 3M KCL、陶瓷膜片、透明轴、球膜，能够适应长时间污染水域或排污口的检测工作。

pH 值的测量是利用电化学原理测定的，即测定插在被测溶液中的两个电极间的电位差，其中一个测量电极的电位随氢离子浓度的改变而改变，另一个参考电极具有固定的电位，这两个电极形成一个原电池。图 4-15 所示为 pH 传感器实物图。

图 4-15　pH 传感器

为了提高测量精度，通常将玻璃电极与参比电极及温度补偿电阻组合为复合电极，如图 4-16 所示。其原理为：在玻璃电极内部装有 pH 值一定(通常为 7)的内溶液，与参比电极构成原电池，用高输入阻抗的电位差计测两极间的电位差，便可测量到 pH 值。

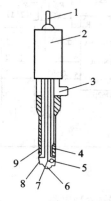

1—引出线；
2—电极引出头；
3—内部溶液；
4—温度补偿电阻；
5—环型环气体门；
6—电极膜；
7—玻璃电极内部电极；
8—电极膜保护筒；
9—参比电极内部电极

图 4-16　复合电极结构示意图

2．pH 传感器处理电路

图 4-17 所示为 pH 传感器处理电路。在该电路中，前端为由 AD620 组成的信号放大电路，其中第 1、8 脚与电位器 RV1 连接，2 脚接地，3 脚接传感器的输出信号，4、7 脚分别接 −12 V、+12 V 电源，5 脚接基准电压。基准电压由分压电路提供，目的是将负信号抬高到正值。其中 RV2 起调整放大增益值的作用，其取值为 1.2 kΩ。AD620 放大电路的放大增益为 42.9 dB。

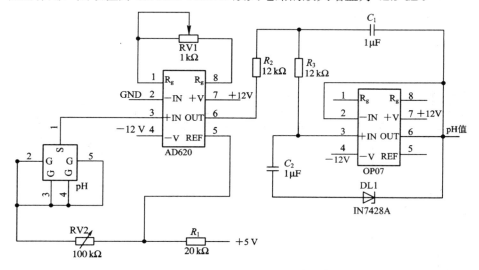

图 4-17　pH 传感器处理电路

OP07 起电压跟随器的作用。电压跟随器输出电压近似输入电压幅度，并对前级电路呈高阻状态，对后级电路呈低阻状态，因而能对前后级电路起到"隔离"作用，此时称之为缓冲级。对于电压跟随器的输入阻抗高、输出阻抗低的特点，可极端理解为：当输入阻抗很高时，相当于对前级电路开路；当输出阻抗很低时，对后级电路就相当于一个恒压源，即输出电压不受后级电路阻抗影响，即前、后级电路之间互不影响。

4.6　显示模块设计

☞ 4.6.1　液晶显示模块介绍

本系统的主控制箱显示模块使用信利公司生产的 HG320240—07A 液晶屏，

其主要技术参数如下：

    点阵：320×240；

    模块体积：167×109×12；

    视域：122×92；

    点距离：0.36×0.36；

    点大小：0.33×0.33；

    控制器：RA8835。

    其示意图如图 4-18 所示。

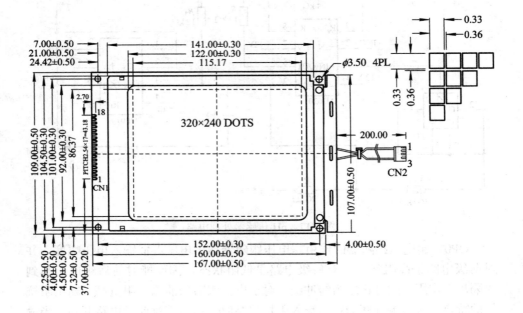

图 4-18　液晶显示模块示意图

☞ 4.6.2　连接方式及时序操作

    液晶显示屏数据端及控制端与主控 MCU 芯片 STM32 的连接如图 4-19 所示，主控芯片的 PE 口高 8 位为控制总线，低 8 位为数据并行总线。

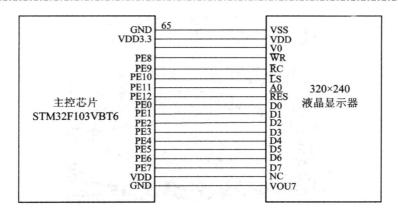

图 4-19　液晶显示器与主控 MCU 芯片的连接

☞ 4.6.3　驱动芯片及操作

HG320240—07A 液晶屏使用 RA8835 作为控制核心。RA8835 由振荡器、功能逻辑电路、显示 RAM 管理电路、字符库及其管理电路以及产生驱动时序的时序发生器组成，其工作频率可在 1 MHz～10 MHz 范围内选择。RA8835 能在很高的工作频率下迅速地解译 MPU 发来的指令代码，将参数置入相应的寄存器内，并触发相应的逻辑功能电路。RA8835 将 64 KB 显示 RAM 分成以下两种显示特区：

(1) 文本显示特区。具有文本显示特性的显示 RAM 区专用于文本方式显示，在该显示 RAM 区中的每个字节的数据都认为是字符代码，RA8835 将使用该字符代码确定字符库中的字符首地址，然后将相应的字模数据传送到液晶显示模块上，液晶模块上就会出现该字符的 8×8 点阵块。也就是说，文本显示 RAM 区的一个字节对应显示屏上的 8×8 点阵。

(2) 图形显示特区。具有图形显示特性的显示 RAM 区专用于图形方式显示。在该显示 RAM 区中每个字节的数据直接被送到液晶显示模块上，每个位的电平状态决定显示屏上一个点的显示状态，"1" 为显示，"0" 为不显示。所以，图形显示 RAM 区的一个字节对应显示屏上的 8×1 点阵。

最终的液晶显示模块如图 4-20 所示。

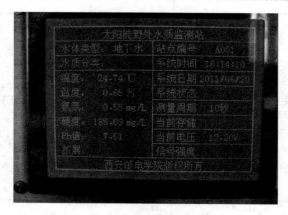

图 4-20　液晶显示模块实物图

4.7　键盘模块设计

☞ 4.7.1　矩阵键盘简介

矩阵键盘又称行列键盘，如图 4-21 所示。它是用四条 I/O 口线作为行线，四条 I/O 口线作为列线组成的键盘。在行线和列线的每个交叉点上设置一个按键，这样键盘上按键的个数就为 4×4 个。这种行列式键盘结构能有效地提高单片机系统中 I/O 口的利用率。

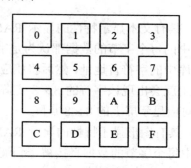

图 4-21　矩阵键盘示意图

☞ 4.7.2　矩阵键盘的工作原理

最常见的键盘布局如图 4-21 所示。一般由 16 个按键组成，在单片机中正好可以用一个 P 口实现 16 个按键功能,这也是在单片机系统中最常用的形式。4×4 矩阵键盘的内部电路如图 4-22 所示。

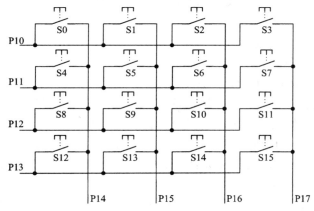

图 4-22　矩阵键盘内部电路图

当无按键闭合时,P10~P13 与 P14~P17 之间开路;当有键闭合时,与闭合键相连的两条 I/O 口线之间短路。

判断有无按键按下的方法是:第一步,置列线 P14~P17 为输入状态,从行线 P10~P13 输出低电平,读入列线数据,若某一列线为低电平,则该列线上有键闭合;第二步,行线轮流输出低电平,从列线 P14~P17 读入数据,若有某一列为低电平,则对应行线上有键按下;综合一、二两步的结果,可确定按键编号。但由于按键闭合一次只能进行一次键功能操作,因此须等到按键释放后,再进行键功能操作,否则按一次键,有可能会连续多次进行同样的键操作。

图 4-23 所示为最终矩阵键盘实物图。

图 4-23　矩阵键盘实物图

4.8　SD卡模块设计

为了防止在无线通信模块出现故障或移动通信网络出现通信问题时丢失数据，电化学监测站采用 SD 卡备份数据。

SD 卡(Secure Digital Memory Card)的中文翻译为安全数码卡，是一种基于半导体快闪记忆器的新一代记忆设备，它被广泛地用于便携式装置中，例如数码相机、个人数码助理(PDA)和多媒体播放器等。SD 卡是由日本松下、东芝及美国 SanDisk 公司于 1999 年 8 月共同开发研制的。大小犹如一张邮票的 SD 记忆卡，其重量只有 2 g，但却拥有高记忆容量、快速数据传输率、极大的移动灵活性以及很好的安全性。

SD 卡一般支持两种操作模式，即 SD 卡模式和 SPI 模式。主机可以选择任意一种模式同 SD 卡进行通信。SD 卡模式允许 4 位的高速数据传输。SPI 模式允许通过简单的 SPI 接口来和 SD 卡通信，其速度较 SD 卡模式要慢。

由于只需进行简单的数据备份，故 SD 卡采用 SPI 模式。SD 卡引脚排序如图 4-24 所示。

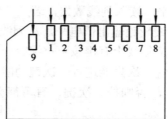

图 4-24　SD 卡引脚排序

SD 卡引脚定义如表 4-2 所示。

表 4-2　SD 卡引脚定义

引　脚	1	2	3	4	5	6	7	8	9
SD 卡模式	CD/DAT3	CMD	VSS	VCC	CLK	VSS	DAT0	DAT1	DAT2
SPI 模式	CS	MOSI	VSS	VCC	CLK	VSS	MISO	NC	NC

4.9　通信模块设计

根据野外监测的需要，监测站使用 GSM 网络上传相关水质数据。

　　TC35 是 Siemeils 公司推出的新一代无线通信 GSM 模块。该模块自带 RS232 通信接口，可以方便地与 PC、单片机连机通信，可以快速、安全、可靠地实现系统方案中的数据和语音传输、短消息服务(Short Message Service)及传真。TC35 模块的工作电压为 3.3 V～5.5 V，可以工作在 900 MHz 和 1800 MHz 两个频段，相应的频段功耗分别为 2 W(900 MHz)和 1 W(1800 MHz)。

　　TC35 模块有 AT 命令集接口，支持文本和 PDU 模式的短消息、第三组的二类传真以及 2.4k、4.8k、9.6k 的非透明模式。此外，该模块还具有电话簿、多方通话、漫游检测功能，常用工作模式有省电、IDLE、TALK 等。通过独特的 40 引脚的 ZIF 连接器，可实现电源连接、指令、数据、语音信号及控制信号的双向传输；通过 ZIF 连接器及 50 Ω 天线连接器，可分别连接 SIM 卡支架和天线。

　　TC35 模块主要由 GSM 基带处理器、GSM 射频模块、供电模块(ASIC)、闪存、ZIF 连接器和天线接口六部分组成。作为 TC35 的核心，基带处理器主要用于处理 GSM 终端内的语音和数据信号，并涵盖了蜂窝射频设备中所有的模拟和数字功能。TC35 模块在不需要额外硬件电路的前提下，可支持 FR、HR 和 EFR 语音信道编码。

　　该电路只需设计一个 TTL 转 RS232 电平电路，一端连接 MCU 的 UART 口，另一端直接连接 TC35。将单片机串口设置成模式 1(9600, N, 8, 1)，并依次将 AT+xxx 以 ASCII 码形式输出到 UART 口，且接收 TC35 的数据采用中断方式。该 GSM 模块实物图如图 4-25 所示。

图 4-25　GSM 模块实物图

第五章
系统嵌入式程序设计

监测站采用 STM32 微控制器作为控制核心,嵌入式程序使用 C 语言编写,在 KEIL 集成开发环境下完成。

在工作过程中,微控制器需要控制 ADC、通信模块、液晶屏、键盘、SD 卡、Flash 芯片、继电器等,加之电源管理部分需要频繁地操作继电器组,因此监测站面临比较复杂的任务调度。此外,监测站应有设置系统配置的功能,这就需要它具备较好的人机交互。

基于以上特点,与一般的嵌入式单片机程序相比,该监测站的嵌入式程序较为复杂。同时,由于水质测量任务调度的特殊性,当前流行的抢占式任务调度和时间片轮转任务调度均不适合监测站的实际情况,不适合直接移植其他嵌入式操作系统。

因此,嵌入式软件的设计采用了分层的思想,以 RTC 时钟作为任务调度的主要依据,将程序分为驱动层、系统层和用户层,其中系统层具有任务调度、图形界面、文件系统、内存管理等功能,具备了操作系统的雏形。

5.1 嵌入式程序架构

最终实现的嵌入式程序架构如图 5-1 所示,分为驱动层、系统层和用户层,它已具备操作系统的雏形。

驱动层可实现微控制器对监测站各硬件模块的底层操作,被系统层调用即可实现系统功能。系统层则实现任务调度、内存管理、时间管理等基本功能,同时提供图形界面、文件系统、通信等系统服务,它是连接用户层和驱动层的纽带,被用户层调用。用户层包含实时测量、系统配置、远程通信、实时备份等模块,实现了各种相应的水质测量功能。用户层只能调用系统函数而不能调用任何驱动函数,系统层将用户层与驱动层完全隔离。

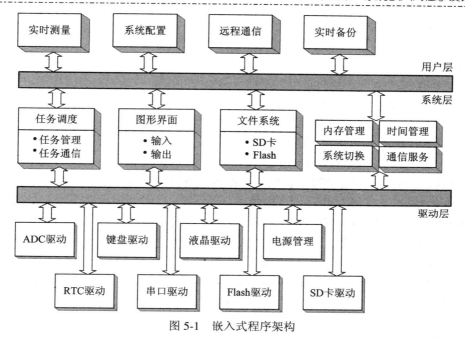

图 5-1　嵌入式程序架构

5.2　驱　动　层

驱动层是整个软件系统的基础，包含对监测站各硬件模块的底层操作，是连接上层监测软件与监测站硬件的纽带。

驱动层主要包括 ADC 驱动、键盘驱动、液晶驱动、电源管理、RTC 驱动、串口驱动、SST25VF080 Flash 驱动、SD 卡驱动等，涵盖了各个硬件模块。

5.3　系　统　层

系统层作为中间层实现了隔离与连接的功能，将用户应用程序与底层硬件隔离，同时为其提供各种接口。

系统层具有任务调度、内存管理、时间管理等基本功能，同时提供图形界面、文件系统、系统切换、通信等系统服务。

任务调度模块实现了对水质测量流程中各个任务的调度，包含任务的创建、处理及任务间通信等功能。根据水质测量定时性的特点，提出了以 RTC

时钟为依据的任务调度模式。

内存管理模块负责在任务创建时分配内存和在任务退出或被处理后回收内存。

图形用户界面主要负责对键盘输入的响应和液晶屏显示输出的控制,主要包含图片绘制、字符显示、字符串的输入及回显、窗口的绘制及操作响应、页面切换、矩形/圆形的绘制等。图形界面可以直观地显示当前水质数据,并在系统设置时提供良好的人机交互。

文件系统部分提供了 Flash 和 SD 卡的文件系统以及响应的读写接口。核心板板载 Flash SST25VF080 提供监测站各项设置的存储,SD 卡提供水质监测数据的备份。SD 卡采用了专有的加密文件系统,安全性高,并且具体的文件结构是将 SD 卡的 ID 按照加密规则运算后生成的,这样就确保了每块 SD 卡都具有独有的文件结构,即使发生存储卡遗失也不会导致数据或文件结构的外泄,保密性极强。

通信服务部分以串口操作为基础,为应用程序层提供了各种基于 AT 指令的移动通信模块操作接口,实现了与监控中心的远程通信。

5.4 用 户 层

用户层实现了实时测量、系统配置、远程通信、实时备份等水质测量的相关功能。

实时测量、远程通信和实时备份模块实现了完整的水质测量流程,包含定时测量、存储和实时上传等步骤。系统配置部分实现对测量、存储、通信、节电管理等部分的设置,并具有良好的人机交互体验,其设置界面如图 5-2 所示。

图 5-2 系统设置界面

生物水质监测分析及应用

6.1　生物监测分析

☞ 6.1.1　传统监测方式的弊端

化学监测方法是目前常用的水质监测方法，在准确性方面较其他方法有着较大的优势，且已发展到一个相对成熟的阶段。但目前化学监测方法的发展遭遇了瓶颈，具体表现在以下方面：化学监测的本质是测量某种化学物质在水中的含量，通过水体中相关化学物质的含量来体现水质的好坏，无法直接测量出水质的好坏。目前来说，通过测量 pH 值、氨氮、硬度、盐度、溶氧量等典型测量类型基本可以反映水质的好坏。

显然，目前的化学监测方法存在严重缺陷：只能测量固定的几种水质数据，要想测量其他水质数据必须添置新的化学药剂或传感器。同时，目前常用的测量类型只能大致反映水质情况，对于其他不常见的污染物造成的水污染却无能为力。比如，在日本福岛核泄漏事件中，高放射性含量的海水在 pH 值、氨氮、硬度、盐度、溶氧量等常用典型测量类型的测量中是合格的，但显然这种海水对人类和其他生物是高度有害的污水。另外，化学分析难以检查出大多数含量微小的污染物，这些污染物可能对水质有着决定性的作用。同时，受测量类型的限制，化学分析很难综合分析环境中水生生物遭受有害物质的协同作用等。

此外，纯化学化验中会不可避免地产生各种反应后的废液，妥善处理这些化学废液也产生了不小的环保成本。

化学监测方法虽然也在不断发展以期能够较好地解决这些问题，如研发灵敏度更高的传感器或研发其他测量类型的传感器等，但这些途径均成本高昂且收效甚微。

化学监测方法的软肋是不能直观地反映水质好坏和测量全面性较差，通过发展化学监测方法本身来进行弥补，其可行性不高，这直接导致化学监测方法发展瓶颈的产生。

由此可见，解决化学方法不直观、全面性差的问题，不能拘泥于现有的传统监测方法，必须通过发展其他监测方法进行弥补。

☞ **6.1.2 生物监测的优越性**

水生生物对水质情况极其敏感，因此水生生物的生长情况可直接反映水质情况。

应用生物监测方法，可以直接监测出生态系统已发生的变化或已产生影响但并没有显示不良效应的信息。其主要优越性表现在以下几个方面：

(1) 在环境中，生物接触到的污染物不止一种，而是许多种。几种污染物混合起来，有可能会发生协同效应，使危害程度加剧。生物监测则能较好地反映出环境污染对生物所产生的综合效应。

(2) 一些浓度较低甚至是高污染性的污染物进入环境后，在能直接检测或感受到以前，生物可立即做出反应，显示出可见症状，这样就可以在早期发现污染，及时预报。

(3) 对于那些剂量小、长期作用产生的慢性病毒效应，用化学方法很难进行监测，而生物监测却能做到。

☞ **6.1.3 生物监测的发展前景**

生物监测在硬件上主要依赖图像传感器和高速处理器，在算法上主要依赖数字图像处理技术和人工智能技术。

计算机处理器自发明以来一直处于高速发展的状态，摩尔定律历经 40 余年仍经久不衰，处理器性能不断飞速提高而成本一直在下降。同时，数字信号处理器(DSP)和图形处理器(GPU)等专门针对图像处理的专用处理器已经成为发展热点，特别是近 10 年来，CUDA、APU 等新技术将图形计算推向了一个新的高度。

随着数码技术、半导体制造技术的发展，图像传感器的发展也十分迅猛，CCD 传感器已经发展得相当成熟，在较低的成本下就能达到高解析度、低杂讯、广动态范围、低影像失真等要求；同时，CMOS 传感器的发展也相当迅速，能在更低的成本下实现可接受的性能。

数字图像处理和人工智能技术也是近年来的发展热点，依托硬件系统性能的不断提升和数字信号处理技术的不断发展，目前已初步成熟，已在天文学、医学、交通、国防等领域取得广泛应用。而随着控制理论和模式识别理论的发展，人工智能科学应运而生，并开始尝试用专家系统、神经网络等模型解决实际问题，目前正处于飞速发展阶段。

由此可见，生物监测技术所依赖的硬件平台已发展得较为成熟，并在未来仍有长远的发展空间；所依赖的理论基础也正处于飞速发展阶段，各种新技术、新成果层出不穷。因此，生物监测技术有着传统电化学技术不可比拟的发展前景。

☞ 6.1.4　生物监测设计综述

针对当前水质监测的需要，设计了一套生物监测解决方案，它具有以下特点：

(1) 生物监测能够较为方便地解决传统电化学监测所不容易监测的问题。

(2) 监测过程能够实现全程无人化，自动监测、分析、得出结论并上传结果。

为此，设计了这样的生物监测方案：通过 CCD 传感器获取图像信息，使用高性能处理器处理图像数据，根据相关算法自动得出分析结论，并通过 GSM 网络将结果传至环境中心。

另外，监测方案需能够监测多种水质污染类型，应具有一般性，而不是只针对某一种水质问题，并具有可扩展性。

☞ 6.1.5　生物监测基本流程

结合数字图像处理经验和相关人工智能科学知识，设计了如图 6-1 所示的生物监测基本流程。按照此流程，环保工作人员可结合具体问题，提取不同的特征，提供不同的知识库，达到解决不同问题的目的。

生物监测系统首先通过 CCD 传感器拍摄被监测生物的图像，然后通过预处理降低图像噪声，减少不必要的信息，再提取与被检测生物相关的图像信息。之后，将这些信息作为生物特征信息，与样本库中的样本比对，经过一定的处理得出当前的生物生长情况。至此，计算机已经能够"读懂"图像中的内容，将图像信息转化为计算机可以"理解"的知识表示信息，来反映生物的生长情况。最后，利用专家系统模型，结合生物生长情况与相关生态学知识库，得出水质情况。

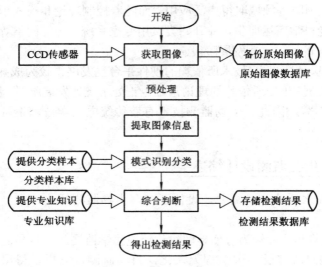

图 6-1　生物监测基本流程

☞ 6.1.6　生物监测的具体步骤

1. 获取图像

系统通过 CCD 传感器可以获取被监控生物的图像信息，同时将原始图像存储到大容量闪存中作为备份，以便环境工作人员事后分析。

2. 预处理

预处理的目的是消除图像中的噪声信息，以便更好地提取所需的图像信息。预处理的主要手段是频域平滑滤波。在生物监测平台的设计中，主要选择了高斯滤波和中值滤波两种平滑处理手段。

1）高斯滤波

高斯滤波是一种常用的数字图像平滑手段，高斯滤波用卷积核与输入图像的每个点进行卷积，将最终计算结果之和作为输出图像的像素值。一般地，在二维空间有：

$$G(u,v) = \frac{1}{2\pi\sigma^2}e^{\frac{-(u^2+v^2)}{2\sigma^2}}$$

其中，r 是模糊半径($r^2 = u^2 + v^2$)，σ 是正态分布的标准偏差。在二维空间中，这个公式生成的曲面的等高线是从中心开始呈正态分布的同心圆。分布不为零的像素组成的卷积矩阵与原始图像做变换。每个像素的值都是周围相邻像素值的加权平均。原始像素的值有最大的高斯分布值，所以有最大的权重，随着距离原始像素越来越远，相邻像素的权重也越来越小。这样进行模糊处理较其他的均衡模糊滤波器能更好地保留边缘信息。

高斯滤波器与其他滤波器相比在速度和边缘特性上有着较大的优势：首先，高斯滤波可以分解为两个线性频域卷积运算，在高像素值大尺度的平滑滤波中更加实用；同时，高斯滤波器具有平滑的系统函数，不会像其他理想滤波器一样产生振铃现象，能更好地保留边缘信息。

2）中值滤波

中值滤波法是一种常用的非线性平滑技术，也是图像处理技术中最常用的预处理技术。其原理是将每一像素点的灰度值设置为该点某邻域窗口内的所有像素点灰度值的中值。中值滤波法对消除椒盐噪声非常有效，同时它可以保护图像尖锐的边缘。

在实际运用中，中值滤波对大的孤立点(又被称为"镜头噪声")不敏感，可以很好地处理因光学系统缺陷产生的图像噪声。同时，由于大尺度中值滤波具有较好的边缘保存特性，也使得中值滤波被广泛运用在图像分割问题中。

3．提取图像信息

图像信息的提取是生物监测中重要的一个环节，它将拍摄的图片转化为可用的信息，进行后续分析。

图像信息种类繁多，但总的来说分为两大类：色度信息和差值信息。色度信息是指像素点本身的值，而差值信息则是指相邻像素点间的差。

1）色度信息

色度信息是每个像素点本身固有的值，与其他像素点无关。色度信息包含通道值、饱和度以及色调等。

(1) RGB 空间。

RGB 空间是数字图像处理技术中常用的颜色系统。

RGB 色彩模式使用 RGB 模型为图像中每一个像素的 RGB 分量分配一个 0～255 范围内的强度值。RGB 图像只使用三种颜色就可以使它们按照不同的比例混合，在屏幕上重现 16 777 216 种颜色。图 6-2 所示为 RGB 空间模型。

在 RGB 模式下，每种 RGB 成分都可使用从 0(黑色)到 255(白色)的值。例如，亮红色使用 R 值为 255、G 值为 0、B 值为 0；当所有三种成分值相等时，产生灰色阴影；当所有成分的值均为 255 时，结果是纯白色；当所有成分的值均为 0 时，结果是纯黑色。

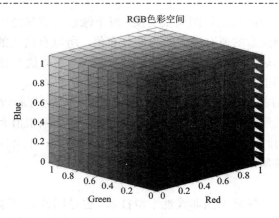

图 6-2　RGB 空间模型

在实际应用中，RGB 色彩模型对硬件实现十分理想，被广泛运用于计算机领域，可以从 RGB 色彩模型中分别提取出红色通道、绿色通道和蓝色通道。

(2) HSV 空间。

HSV 颜色模型反映了人的视觉系统感知彩色的方式，以色调、饱和度和亮度三种基本特征量来感知颜色，更加符合人类的认知模式。

HSV 模型由 H、S 和 V 三个分量组成，其中 H(Hue)分量表示色调，S(Saturation)分量表示饱和度，V(Value)分量表示亮度。

色调与光波的波长有关，它表示人的感官对不同颜色的感受，如红色、绿色、蓝色等，它也可表示一定范围的颜色，如暖色、冷色等。它还可以表示颜色的纯度，纯光谱色是完全饱和的，加入白光会稀释饱和度。饱和度越大，颜色看起来就会越鲜艳；反之亦然。亮度对应成像亮度和图像灰度，是颜色的明亮程度的体现。图 6-3 所示为 HSV 空间模型。

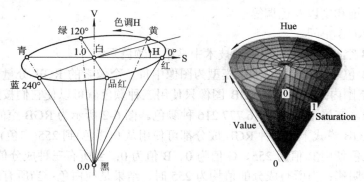

图 6-3　HSV 空间模型

该模型有两个特点：① V 分量与图像的彩色信息无关；② H 和 S 分量与人感受颜色的方式是紧密相连的。这两个特点使得 HSV 模型非常适合借助于人的视觉系统来感知彩色特性的图像处理算法。

较之 RGB 色彩模型，当光照改变时，HSV 模型中只有 V 分量会发生变化，而 RGB 模型的所有分量都会发生变化。HSV 模型与物体的本质颜色紧密相关，更加适合基于颜色特征的图像分割。HSV 模型中可提取色调和饱和度信息。

同 HSV 模型类似的还有 HSI、HSL 模型，均是基于色调、饱和度和亮度而建立的。

2）差值信息

差值信息指的是相邻像素点值间的差。由于差值信息更多地涉及了像素与像素间的关系，因此差值信息包含的种类更多，也是图像分割的主要依据。差值信息包含纹理、边缘等信息。

提取差值信息的主要方法有频域方法、模板方法和形态学方法等。

频域方法是主要的纹理和边缘提取方法。求导是最简单易用的差值信息提取方法。对一幅图像沿 x 方向与 y 方向分别求导，对求得的导数进行阈值化处理，便可以获得纹理或边缘图像。

在实际应用中，往往通过边缘检测算子来检测边缘。

一阶边缘算子有 Roberts Cross 算子、罗盘算子、Prewitt 算子、Sobel 算子、Canny 算子等，其中 Sobel 算子和 Canny 算子较为常用。

（1）Sobel 算子。

Sobel 算子是图像处理中的算子之一，主要用作边缘检测。在技术上，它是一离散性差分算子，用来运算图像亮度函数的梯度之近似值。在图像的任何一点使用此算子，将会产生对应的梯度矢量或法矢量。

该算子包含两组 3×3 的矩阵，分别为横向及纵向，将其与图像作平面卷积，即可分别得出横向及纵向的灰度强度差分近似值。如果以 A 代表原始图像，G_X 及 G_Y 分别代表经横向及纵向边缘检测的图像，则其公式如下：

$$G_X = \begin{bmatrix} -1 & 0 & +1 \\ -2 & 0 & +2 \\ -1 & 0 & +1 \end{bmatrix} * A \qquad G_Y = \begin{bmatrix} +1 & +2 & +1 \\ 0 & 0 & 0 \\ -1 & -2 & -1 \end{bmatrix} * A$$

图像的每一个像素的横向及纵向梯度近似值可用下述公式计算：

$$G = \sqrt{G_X^2 + G_Y^2}$$

之后可用以下公式计算确定方向：

$$\theta = \arctan\left(\frac{G_Y}{G_X}\right)$$

(2) Canny 算子。

Canny 算子是目前最常用的边缘检测算法，是一种尽可能最优的边缘检测算法，具有灵敏度高、定位性好、响应小等特点。

Canny 算法的一般步骤是：首先进行高斯模糊；之后利用四个不同方向的 mask 检测水平、垂直以及对角线方向的边缘，原始图像与每个 mask 都做一次卷积。对于每个点都标识在这个点上的最大值以及生成的边缘的方向。

Canny 算法中两个最重要的参数是高阈值与低阈值，高阈值表示最小的生成边缘的阈值，低阈值表示最小延伸边缘的阈值。

此外，Canny 算法还包含一个高斯滤波器大小的参数，较小的滤波器产生的模糊效果不明显，这样就可以检测较小、变化明显的细线。较大的滤波器产生的模糊效果较明显，将较大的一块图像区域涂成一个特定点的颜色值。这样带来的结果对于检测较大、平滑的边缘更加有用。

Canny 算法中高低阈值的设置对最后结果影响很大。设置的阈值过高，可能会漏掉重要信息；阈值过低，则显示的细节信息过多。很难给出一个适用于所有图像的通用阈值。目前，有一种基于自适应阈值的 Canny 算法。

Canny 算子采用二维高斯滤波函数对图像进行平滑和去除噪声点。空间尺度参数 σ 的取值决定了平滑滤波的程度。自适应高斯滤波的理论出发点是：若当前像素点为噪声点，则对应的尺度 σ 应较大，以达到去噪效果；若像素点位于图像平滑区域和边缘区域，则 σ 值应尽量小，从而保留完整的边缘信息。采用空间尺度参数自适应调整的高斯滤波方法，将当前像素点的灰度值与滤波器窗口内的图像灰度均值之差作为高斯滤波器的参数 σ。最大类间方差法(Otsu 方法)是一种阈值自动选取的方法，其基本思想是选取一个最佳阈值使得用该阈值分割得到的两类间具有最好的分离性。

采用空间尺度参数根据图像内容自适应调整的高斯平滑滤波，替代了原算法中采用固定尺度的滤波函数。在双门限值设定上，采用二次最大类间方差方法得到自适应的高低门限值，从而改进 Canny 算法。实践证明较之传统 Canny 算法，改进的 Canny 算法在应对复杂图像时有更好的边缘分割性能。

(3) 模板匹配算法。

模板匹配算法是图像分割领域常用的算法，其核心思想是根据被检测对象的形态特征构建检测模板，赋有不同的权值，将模板同图像中的每一个点相乘，对结果进行阈值化处理便可以分割出目标区域。

常用的基本模板有图 6-4 所示的点模板和图 6-5 所示的线模板。

$$\begin{bmatrix} -1 & -1 & -1 \\ -1 & 8 & -1 \\ -1 & -1 & -1 \end{bmatrix}$$

图 6-4　点模板

$$\begin{bmatrix} 2 & -1 & -1 \\ -1 & 2 & -1 \\ -1 & -1 & 2 \end{bmatrix} \quad \begin{bmatrix} -1 & -1 & -1 \\ 2 & 2 & 2 \\ -1 & -1 & -1 \end{bmatrix} \quad \begin{bmatrix} -1 & 2 & -1 \\ -1 & 2 & -1 \\ -1 & 2 & -1 \end{bmatrix} \quad \begin{bmatrix} -1 & -1 & 2 \\ -1 & 2 & -1 \\ 2 & -1 & -1 \end{bmatrix}$$

图 6-5　线模板

(4) 数学形态学。

数学形态学是一种新型的数字图像处理方法，较之传统的信号处理方法，该方法在某些应用上有着不可比拟的优势。形态学操作需两幅图像：一幅被处理的图像和一个结构元素。基本的数学形态学操作是膨胀和腐蚀，其他运算是这两个操作的组合。设 $f(x, y)$ 为待处理图像，$b(x, y)$ 为结构元素，则有：

膨胀：　　　　　$f \oplus b = \left\{ z \big| (b)_z \bigcap f \neq \varnothing \right\}$

腐蚀：　　　　　$f \otimes b = \left\{ z \big| (b)_z \subseteq f \right\}$

开操作和闭操作是两种常用的形态学滤波方法，在应对细小毛刺和微小断开方面较传统的数学滤波平滑方法在性能和速度上有着较大的优势，特别是在轮廓、指纹处理方面有着较好的效果。

开操作：　　　　$f \circ b = (f \otimes b) \oplus b$

闭操作：　　　　$f \bullet b = (f \oplus b) \otimes b$

形态学区域填充是利用形态学进行区域填充的运算，在二值情况下使用方便且有很好的填充效果。

区域填充：　　　$X_K = (X_{K-1} \oplus b) \bigcap f^c \quad k = 1, 2, 3, \cdots$

此外，形态学还包含顶帽(Top-Hat)变换、山谷(Valley)变换等。

4．模式识别分类

模式识别是生物监测中的核心环节。利用模式识别技术可将图像信息转换为计算机可以"理解"的知识表示信息。只有通过模式识别处理，计算机才能"读懂"图像中所包含的信息。

生物监测平台中使用的主要是模式识别技术中的近邻分类法。K-近邻法是统计模式识别中一种常用的分类方法，其基本思路是：通过计算未知样本 x 与其他已知样本 x_i 之间的欧氏距离，取其中距离最小的 k 个为 K-近邻，将 x 归类为这 k 个近邻中多数样本所在的类别。其中，已经分类的样本由样本库提供，不同的问题需要使用不同的样本库。样本库的制作可由图像处理专业人员协助环境工作人员完成。

5. 综合判断

对于生物监测系统的综合判断部分，采用专家系统。

专家系统是早期人工智能的一个重要分支，它可以看做是一类具有专门知识和经验的计算机智能系统，一般采用人工智能科学中的知识表示和知识推理技术来模拟通常由专业领域专家才能解决的复杂问题。一般来说，专家系统＝知识库＋推理机，因此专家系统也被称为基于知识的系统。

专家系统适合于完成那些没有固定解决程序或公认的理论和方法以及数据不精确或信息不完整的解释、监控、预测、规划和设计等情况。知识库的组织与推理机的构建是专家系统设计中的重点。

在生物监测平台的专家系统构建中，采用框架、规则和语义网络定义知识库，采用双向推理的推理机，即先通过初始证据正向使用规则，将得出的结论放入候选规则队列中作为下一步的证据，反复执行直到求得需要的解，然后将求得的解作为假说，发散性搜索证据进行验证。

6.2　生物监测应用

依照上一节中所描述的生物监测设计方法，按照其流程和基本步骤，设计了两个生物监测应用案例，分别针对水体富营养化监测问题和水体毒性监测问题。

在本章的案例中，硬件平台均采用主频高达 1.1 GHz 的 Intel Atom Z510 处理器，通过 CCD 摄像头采集数据，采用高达 400X 倍速(60 MB/s)的高速 CF 卡备份数据，通过 GSM 网络上传至监测中心，如图 6-6 所示。

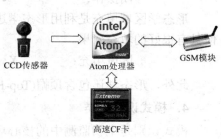

CCD传感器　　Atom处理器　　GSM模块

高速CF卡

图 6-6　生物监测硬件平台

☞ 6.2.1 应用一——通过生物监测水体富营养化问题

1. 生物监测解决此问题的优越性

富营养化是指由氮、磷等植物营养物质含量过多所引起的水质污染现象。富营养化会造成藻类大量繁殖或死亡，水中所溶解的氧不断消耗，水质不断恶化，鱼类大量死亡，这对生态环境和国民生产都会造成巨大损失。

自然条件下氮、磷的富集和水体的富营养化是一个十分缓慢的过程，但随着近年来工业污水及生活污水违规排放的加剧，大大加速了这一过程。赤潮、水华等生态灾害时有发生，已成为水污染防治的重要课题。

但富营养化的成因又非常复杂，传统的检测方法除直接测量氨氮与磷的含量外，还要考虑光照、温度、季节、水文等情况。同时，水华的爆发十分迅猛，传统检测方法不可避免地会在时效性方面存在缺陷。因此，应尝试用生物监测的方法来监测水体富营养化问题。

在水体富营养化的过程中，水藻可以准确反映出水体的富营养化情况：在正常水体中，藻类以硅藻和绿藻为主，而蓝藻的大量出现则是富营养化的征兆。随着富营养化的发展，藻类最终变为以蓝藻为主。

以此为理论依据，根据生物监测的基本流程，设计出了一套针对富营养化监测的算法，用来监测富营养化问题。

2. 方案设计综述

依据 6.1 节中介绍的基本流程，设计了如图 6-7 所示的基于水藻监测的富营养化监测算法。

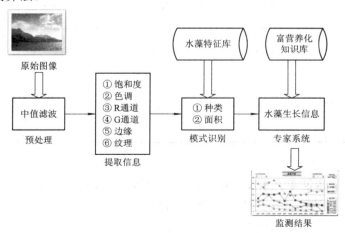

图 6-7 基于水藻监测的富营养化监测算法

该算法的基本思路是：首先，将输入的图像进行中值滤波预处理；然后，在信息提取模块，分别提取图像的饱和度、色调、R 通道、G 通道、边缘及纹理信息；接着，将这些信息加权后映射到多维空间中，与特征库中的样本进行比对，通过 K-近邻分类法进行分类处理，得出水藻的种类，再根据水藻种类处理原始图像，得到不同种类水藻的面积信息；最后，从知识库中提取规则知识，进行规则推理，得出最后的富营养化情况。

3．方案具体实现过程

1）需求分析

根据图 6-7 所示的流程，结合相关图像学和智能学知识，列出了如表 6-1 所示的基于水藻类监测的富营养化监测需求。

表 6-1　基于水藻监测的富营养化监测需求

阶　　段	提取的信息	使用的算法	所需数据
预处理	中值平滑图像	中值滤波	输入图像
提取信息	饱和度	HSV 色域提取	平滑图像
	色调	HSV 色域提取	
	R 通道	RGB 色域提取	
	G 通道	RGB 色域提取	
	边缘	Canny 算子	
	纹理	Sobel 导数	
模式识别	种类	K-近邻分类	分类信息
			分类样本
	面积	掩膜运算	种类信息
			平滑图像
作出判断	生长信息	规则推理	种类信息
			面积信息
			富营养化知识库

2）数据库的构建

（1）水藻特征库。水藻特征库包含了常见的水藻样本信息，同时也包含了相关水面样本的特征和其他漂浮物样本信息，以便区分水面、水域及水藻区域。表 6-2 列出了构建水藻样本库所需的信息。

表 6-2　构建水藻样本库所需信息

样本类别	样本信息
硅藻	
绿藻	
蓝藻	饱和度
颤藻	色调
深色水面	R 通道
浅色水面	G 通道
清澈的水面	边缘
污染的水面	纹理
塑料袋漂浮物	
泡沫漂浮物	

数据库中包含了硅藻、绿藻、蓝藻、颤藻、深色水面、浅色水面、清澈的水面、污染的水面、塑料袋漂浮物以及泡沫漂浮物的样本。每个样本均包含饱和度、色调、R 通道、G 通道、边缘和纹理等向量特征，将这些特征映射到向量空间中，即可形成特征库。

(2) 专家知识库。蓝藻的出现是富营养化发生的标志，因而蓝藻所占面积即可标志富营养化的程度。由于富营养化发生时还有可能存在其他藻类，因此需进行加权操作，最终，以 Exist()、Area()、Weighted() 为基本谓词构建规则库，进行逻辑谓词演绎。

4．测试结果

测试证明，算法可以准确识别出水藻区域，可以基本判断水质富营养化程度。图 6-8、图 6-9 分别给出了水藻的特征提取和水藻的生长模拟界面。

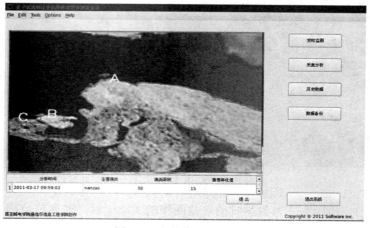

图 6-8　水藻特征提取界面

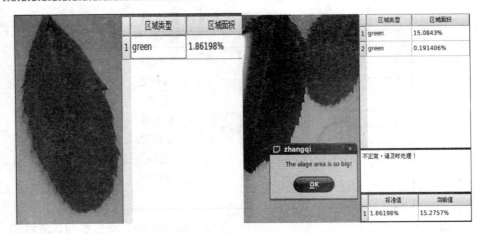

图 6-9　水藻生长模拟界面

　　图 6-10 所示为学习过程，是通过采集生长正常的水藻特征信息，并将数据保存于数据库中，作为实时监测的比对数据。

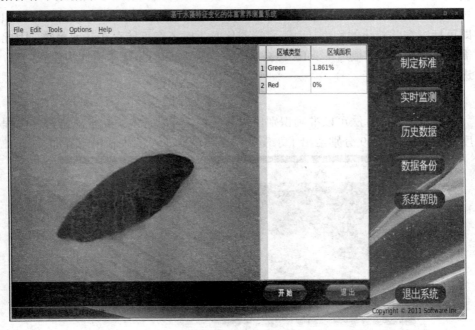

图 6-10　学习过程

　　图 6-11 所示为实时监测时的水藻面积的大小比对，若当前监测水藻面积大于学习过程中采集的标准数据，则停止监测，发出报警信息。

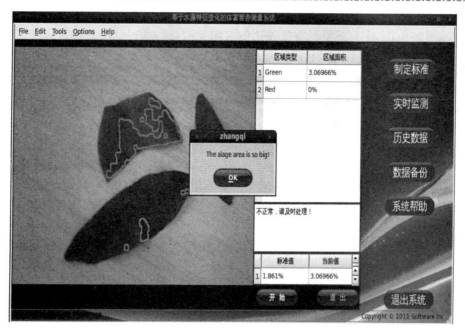

图 6-11　大小比对

图 6-12 所示为实时监测时水藻的颜色比对，若当前监测水藻颜色为红色，则停止监测，发出报警信息。

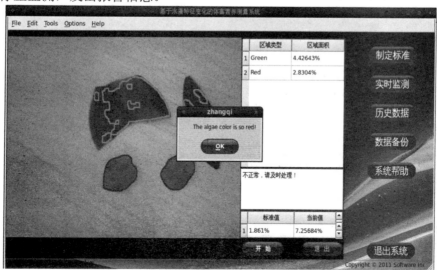

图 6-12　颜色对比

图 6-13 所示为历次监测产生的数据，包括分析时间、水藻区域、主要藻类(藻类颜色)、藻类面积、富营养化值等相关信息，通过这些数据可以阶段性地了解该区域水藻的生长状况，从而推断出监测区域的水质状况。

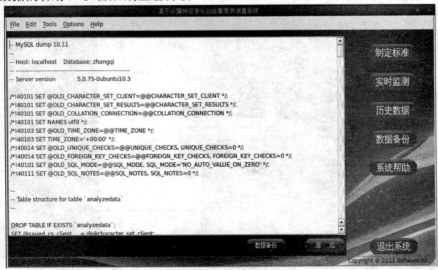

图 6-13　历史数据

如图 6-14 所示为数据备份，系统后台采用 MySQL 数据库，完成对每次监测数据的保存，以备后期查看分析。

图 6-14　数据备份

如图 6-15 所示为系统帮助，系统帮助主要向使用者说明该软件的功能，介绍如何操作该软件完成相应的监测任务。

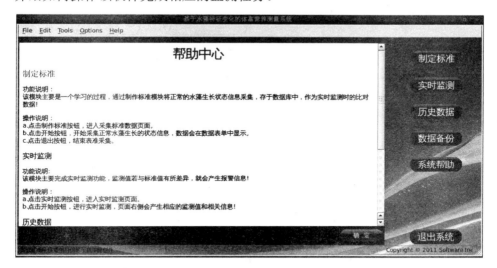

图 6-15　系统帮助

☞ 6.2.2　应用二——通过生物监测水体毒性

1．生物监测解决此问题的优越性

目前对于水体毒性的监测相对比较滞后，在危害发生之后，往往无法实现实时监测。究其原因，一是有毒物质在比较微量时便可引起较大危害，此时电化学方法往往无法检出，纯化学方法检测也相对困难；二是有毒物质种类繁多，对于大多数有毒物质都没有相应的电化学传感器，难以实现实时监测；三是化学方法只能针对性地检测几种有毒物质，监测不够全面，在多种有毒物质协同作用的情况下测量效果差。因此，直接采用生物监测方法，即直接监测鱼的生活情况，通过鱼的生活情况来反映水中有毒物质的情况。

2．方案设计综述

依据 6.1 节中介绍的基本流程，设计了以下的算法：首先，将输入的图像进行中值滤波预处理；在信息提取模块，分别提取图像的饱和度、色调等信息；再将平滑后的图像进行掩膜阈值处理，对其进行形态学变换，对目标区域进行腐蚀处理；最后，利用模板提取确定位置信息。图 6-16 给出了基于鱼类监测的水体毒性监测算法。

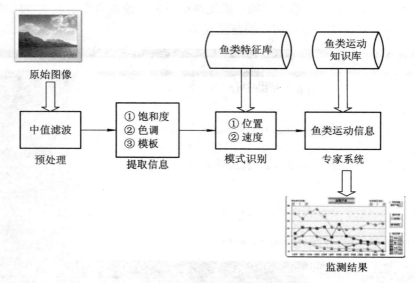

图 6-16　基于鱼类监测的水体毒性监测算法

　　由于鱼在游动的过程中形态多种多样,难以建立典型的样本库,同时形态信息在此案例中不具有典型分析用途,因此,通过腐蚀处理去除鱼的形态信息,只考虑其位置信息。

　　将腐蚀后的图像利用模板运算大致确定鱼的位置。将这些信息加权后映射到多维空间中,与特征库中的样本进行比对,通过 K-近邻分类法进行分类处理,得出鱼的位置。连续不断地拍摄监测,比较相邻的位置图像,可以求出鱼的速度信息。最终,从知识库中提取规则知识,进行谓词演绎,得出最后的富营养化情况。

3．方案具体实现

1) 需求分析

　　根据图 6-16 所示的流程,结合相关图像学和智能学知识,列出了如表 6-3所示的基于鱼类监测的水体毒性监测需求。

2) 鱼类运动速度求取

　　对于鱼类的速度信息,通过以下方式求取:对于相邻的两条位置信息求取欧氏距离,作为基本速度;计算一段时间内不同位置的分布方差,作为运动速度;以时间轴为索引,对所有的位置信息作单向连通图,计算连通图代价作为活动范围。

表6-3　基于鱼类监测的水体毒性监测需求

阶 段	提取的信息	使用的算法	所需数据
预处理	中值平滑图像	中值滤波	输入图像
提取信息	饱和度	HSV 色域提取	平滑图像
	色调	HSV 色域提取	
	模板	形态学处理	
模式识别	位置	K-近邻分类	分类信息
			分类样本
	速度	差值预算	位置信息
作出判断	运动信息	谓词演绎	位置信息
			速度信息
			鱼类运动知识库

3）数据库的构建

(1) 鱼类样本库。鱼类样本库包含了常见鱼类的颜色信息，同时保存了对于常见鱼类图像二值化后模板运算的典型值，以便确定鱼类位置。可通过使用速度计算规则，根据位置信息来确定速度信息。

(2) 专家知识库。在正常水体中，鱼类正常游动，速度缓慢，位置点均匀分布在整个水域中；水体出现有毒物质时，鱼类游动速度加快，不同位置分布间的方差增大；鱼类死亡时，速度为零，主要分布在水面。

按照以上描述，以 Speed()、Location()为基本谓词，Waters()为基本谓词空间，进行演绎推理，构建专家知识库。

4．测试结果

测试表明，算法可以准确识别出鱼的位置，可根据位置信息求得运动状态，根据运动状态得出水质情况。图6-17、图6-18、图6-19 分别显示了正常水质、中度污染水质、重度污染水质的状况。

图6-17　正常水质状况

图 6-18　中度污染水质状况

图 6-19　重度污染水质状况

系统安全性

7.1　安全策略的必要性

本系统主要面向的用户为环保监管部门，水质信息在一定程度上属于敏感信息，关系到政府决策和科学研究，需要严格的防护措施。

同时，由于监控网络覆盖区域大，监测站的地理位置分布广泛，难以对每个监测站进行专门看管，加之利用开放的民用无线通信网络进行数据传输，这些客观条件都使得监控网络更易受到攻击，因此制定完善的安全防护策略势在必行。

总体来说，本监控网络容易招致以下三个方面的攻击。

1. 对监测站的攻击

在监控网络中，监测站的地理位置分布广泛，且大多处于无人值守自动监测的工作状态，容易遭受攻击，特别是来自不法排污企业的人为破坏，其具体表现为：对监测站设置的篡改及对监测站设备的人为毁坏。这类攻击发生较为频繁，特别是设在排污口附近的监测站，极易遭受排污企业的人为破坏，而光伏太阳能电池板由于客观原因更容易遭到损坏，影响监测站工作。

对单个监测站的破坏虽然对监控网络没有较大影响，但此种攻击方式发生频率较高，多来自违法企业。对此问题的防护不仅是技术问题，更关系到对法律和社会正义的维护。

2. 来自无线通信网络的攻击

考虑到监控网络部署的方便性与系统成本因素，监控网络各节点间的通信通过公有民用无线通信网络(如中国移动、中国联通等)完成。由于民用网络和协议的开放性，使得数据在传输过程中容易受到攻击，这对监控网络的危害较大。

典型的攻击方式是通过 SIM 卡复制器伪造身份侵入监控网络，伪造监测站身份向中心发送虚假信息，或伪造中心身份窃取网络数据。此外，还存在不法排污企业利用手机信号屏蔽器干扰监测站数据发送的情况。

此种攻击虽较上一种技术难度高，但随着技术的发展，SIM 卡复制的门槛越来越低，许多网店商家均有 SIM 卡复制器出售，且价格便宜、教程详细。此种攻击一旦发生，对网络的危害极大，必须严加防护。

同时，从现有无线通信公司实际情况考虑，特别是偏远地区，由于信号强度和基站原因，偶有出现数据丢失情况，此问题也急需解决。

3．对监控中心的攻击

监控中心一般都有工作人员值守，安保严格，发生本地攻击的可能性不大，主要面临的是来自互联网和无线通信网络的攻击。

常见的网络攻击有：窃取水质数据、篡改网站首页、篡改发布的水质信息。其中，篡改发布信息的后果最为严重，发布信息被别有用心的远程攻击者篡改后可造成社会恐慌、政府公信力下降等后果。

7.2　安全策略综述

针对监控网络易受攻击的问题，设计了如下的安全策略，如图 7-1 所示。

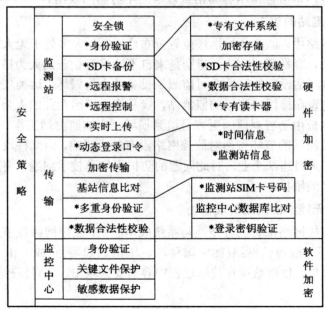

注：标有*的项目采用了私有摘要算法。

图 7-1　安全策略

　　针对监测站、数据传输和监控中心三个易受攻击的部分，系统设计了安全策略，其中监测站和数据传输部分以硬件加密为主，速度快且安全性高。监测站安全策略以远程报警和 SD 卡备份为主，传输部分以多重身份验证和动态登录口令为主，监控中心以身份验证和数据保护为主。其中私有摘要算法是监测站和数据传输部分的核心，具有速度快、安全性高的特点。

7.3　私有信息摘要算法

　　私有信息摘要算法是自行设计的一种散列函数，是硬件加密部分的核心，用以验证数据的正确性和完整性。

　　在设计的过程中，借鉴了 MD5 算法的设计思路，采用多次循环，通过与、或、非及异或运算来获得摘要信息。同时也简化了算法的复杂度，使其在单片机上可以取得很好的性能表现。

　　私有信息摘要算法在设计之初就考虑了单片机系统的性能特点和架构特点，是一种专门针对 STM32 微控制器优化的算法，专为水质监测站设计，与硬件紧密结合，同 STM32 微控制器一起构成了完备的硬件加密方案。其优势具体表现为：子操作元的长度与 STM32 微控制器字长一致，所有基本运算元操作均可用一个机器指令实现，与其他算法相比明显减少了循环周期等。通过以上处理，此算法在水质监测站上有着很好的复杂度表现，并能提供适当够用的安全性。

　　与 MD5、SHA 等著名安全散列算法不同的是，私有信息摘要算法是一种私有的、不公开的算法，在一定程度上增强了监控网络的安全性。

　　私有信息摘要算法的主要步骤为：首先填充要加密的序列到 32 的倍数，将原序列做两个拷贝，分别同两个密钥进行与运算和与非运算，将两个运算结果相加后，每位的值与 32 取余，余数作为每位的右移位数；使用另外两个不同的密钥重复以上步骤，将两次取得的结果异或后作为最终结果。同其他散列算法一样，本算法也是不可逆的算法，主要用于数据合法性校验、登录验证以及身份验证等。

7.4　监测站安全策略

☞ 7.4.1　安全锁

　　安全锁是防止非法用户操作、系统设置被篡改的第一道防线。图 7-2 为安全锁的实物图。

图 7-2　安全锁

☞ 7.4.2　身份验证

进入监测站设置界面需要登录,密码加密后的散列值保存在 STM32 核心板的板载 Flash 上,断电不会丢失。登录验证环节即可直接验证经私有摘要算法计算后的散列值。登录策略包含输入超时、重试次数限制等常见安全策略。图 7-3 为身份验证界面截图。

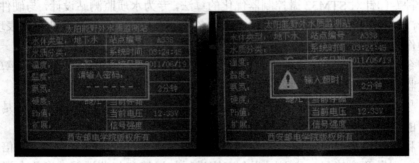

图 7-3　身份验证

☞ 7.4.3　SD 卡备份

SD 卡备份主要针对数据传输过程中数据被破坏及丢失,如违法排污企业在监测站附近设立手机信号屏蔽器等,以及在通信网络出现故障时发生的数据丢失问题。在数据传输发生故障后,工作人员可利用专有读卡器来恢复水质信息。

1．专有文件系统

根据水质数据存储的实际需要,为其设计了专门的文件系统。

"区块(block)"是数据存储的最小单位。SD 卡的每个区块可存放 512 字节的数据。在设计的文件系统中，每条水质数据单独占有一个区块，SD 卡的第 0 区块作为 SD 卡合法性校验区块，同时，在 SD 卡中存在一个位置不确定的区块作为索引区块，记录水质数据的位置信息。水质数据的存储区块在 SD 卡中不是顺序排布的，而是以一种不确定的排布近似均匀地分布在整个 SD 卡中，区块的排布信息记录在索引区块中，只有通过索引区块才能正确地读取水质数据。

依照此文件系统的设计，不同的 SD 卡的合法性校验区块中存储的信息是不同的，不同 SD 卡间索引区块的位置不同，而在不同的 SD 卡上水质信息储存区块的排布也不同，实现这种方案的关键在于 SD 卡的 ID。

SD 卡的 ID 可作为 SD 卡的识别信息，理论上每个 SD 卡都拥有自己唯一的 ID，类似于网卡与 MAC 地址的关系，世界上没有两块 SD 卡的 ID 是相同的。

以此为理论依据，以 SD 卡 ID 为种子，通过私有摘要算法运算后便可得到每块 SD 卡独有的合法性校验信息；同时，此信息经过处理后，也可作为索引区块的地址，而水质数据存储区块的排布也可以根据 ID 运算得出。

最终，水质数据的读取/写入流程如图 7-4 所示。

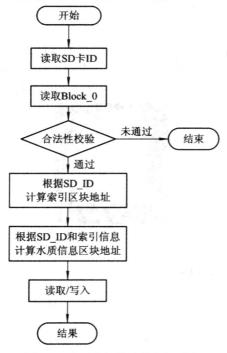

图 7-4　水质数据的读数/写入流程

按照这样的读写规则，相当于每块 SD 卡都拥有自己独有的文件系统，即使某块 SD 卡意外丢失，也不会导致文件结构泄露，更不可能导致数据或合法性校验信息的外泄，安全性极高。

同时，由于每次测量写入的数据量都很小，这种数据读写方式给微控制器带来的负担可忽略不计，非常适合监测站使用。

2. SD 卡合法性校验

如上文所述，每块 SD 卡的第 0 区块中保存有 SD 卡合法性校验信息，每次读写操作前都会验证此信息，保证 SD 卡的合法性。此信息根据 SD 卡 ID 求得，每块 SD 卡都拥有自己独有的合法性验证信息，即使不慎丢失某块水质数据 SD 卡，也不会导致水质数据 SD 卡被伪造。

3. 数据合法性校验

在 SD 卡文件结构中，每条水质数据都拥有自己的唯一 ID，将水质数据 ID 与索引信息及 SD 卡 ID 运算后即可得其区块地址，同时水质数据 ID 的 32 位 4 字节摘要信息会保存在区块的最低 4 字节，用以验证单条数据的合法性。此手段进一步保证了水质数据不会被伪造。

4. 专有读卡器

系统专门设计了读卡器，用于水质信息的读取恢复。其本质是一块通过 SPI 接口连接 SD 卡读卡器接口的 STM32 开发板。微控制器根据文件系统的运算规则读取数据，并通过串口上传至上位机。图 7-5 所示为读卡器实物图。

图 7-5　读卡器

☞ 7.4.4　远程安全策略

远程安全策略主要包含监控中心对监测站的远程监管和监测站的远程报警，主要应对对监测站的人为破坏。具体策略为：监控中心在多个测量周期通信未果后会发出提示，工作人员在收到提示后可到现场查看，监控中心也可定期远程更改监测站设置，防止被篡改。

在正常工作中，即使连续阴雨天气下监测站也能保证正常续航。监测站设有低电压报警，如果监控中心收到低电压报警，说明监测站太阳能供电系统可能遭到破坏。

7.5　数据传输安全策略

数据传输安全策略主要针对来自无线通信网络的攻击，特别是通过伪造SIM卡实现的网络入侵。

☞ 7.5.1　多重身份验证

SIM卡的号码是识别监测站身份的重要信息，然而单凭SIM卡识别身份极易导致复制卡带来的网络入侵。因此SIM卡验证采用SIM卡号码和监测站信息绑定的方式，SIM卡号码和监测站信息记录在监控中心数据库中。

一般地，SIM卡号码只作为识别手段，而动态登录密钥则作为主要验证手段。每个监测站在不同时刻都拥有不同的、唯一的登录口令，每次监测站数据传输均采用不同的登录密钥，且无法从以往的密钥推算出未来的密钥。这样，即使通信被窃听，攻击者也无法伪造登录事件。

☞ 7.5.2　动态登录口令

动态登录口令也是以私有摘要算法为基础的。每次进行数据传输时，以监测站名称＋当前时间为种子，通过私有摘要算法计算出散列值作为哈希值，这样便可在每次登录时产生不同的口令，同时不同的监测站在同一时刻登录也拥有不同的口令。图7-6为动态口令示例。

图7-6　动态口令

☞ 7.5.3 数据合法性校验

监测站在每次传输数据时都会附加数据的散列信息，这个散列信息同样是通过私有摘要算法产生的。监控中心在收到数据后会验证其合法性，进一步保证数据的真实有效性。

7.6 监控中心安全策略

监控中心一般都处在严密的安保下，因此其一般情况下面临的都是来自因特网的攻击。

监控中心的安全策略主要包括登录身份验证和敏感数据保护。敏感数据保护包括对数据库读写权限的限制和对网站发布数据的审核。为了防止远程攻击者入侵网站后恶意发布污染信息而引起公众恐慌，严重污染信息的发布都需要经过审核确认，此策略可防止网站被入侵后引起更大的社会危害。

性 能 测 试

性能测试包括硬件性能测试和监控中心软件性能测试。

8.1 硬件性能测试

☞ 8.1.1 测试设备

硬件性能测试所需设备及材料：已知浓度(pH 值、氨氮、硬度、盐度、浑浊)的水样，标定好的温度计，信号发生器，电源，计算机，数字示波器，万用表等。

☞ 8.1.2 测试项目

本测试项目主要使用已知浓度的水样与被测水样进行对比测试，对 6 路传感器(表 8-1 为温度传感器测试数据、表 8-2 为盐度传感器测试数据、表 8-3 为 pH 传感器测试数据、表 8-4 为氨氮传感器测试数据、表 8-5 为浑浊度传感器测试数据、表 8-6 为硬度传感器测试数据)处理后的信号分别进行比对、标定，保证传感器输出信号的正确与稳定，保证测量的真实性。最终此测试共进行了 96 组，传感器信号输出达到了测试要求。

表 8-1　温度传感器测试数据

理论温度/℃	0	10	20	30	40	50	60	70	80	90
实际温度/℃	0	16	25	38	49	61	72	61	73	74
相对误差/%	0	6	5	8	9	11	12	9	7	16

表 8-2　盐度传感器测试数据

理论盐度/%	0	0.40	0.80	1.20	1.60	2.00	2.40	2.80	3.20	3.60
实际盐度/%	0	0.28	0.71	1.06	1.48	1.86	2.25	2.69	3.08	3.48
相对误差/%	0	12	9	14	12	14	8	11	12	12

表 8-3　pH 传感器测试数据

理论 pH	5	6	7	8	9	10
实际 pH	4	5	7	10	9	10
相对误差/%	10	10	0	20	0	0

表 8-4　氨氮传感器测试数据

理论氨氮 /(mg/L)	0	0.1	0.2	0.3	0.4	0.5	0.6	0.7	0.8	0.9	1.0
实际氨氮 /(mg/L)	0	0.15	0.31	0.42	0.31	0.37	0.47	0.58	0.67	0.81	0.88
相对误差/%	0	5	11	12	9	13	13	12	13	9	12

表 8-5　浑浊度传感器测试数据

理论浑浊度/%	0	0.35	0.70	1.05	1.40	1.75	2.10	2.45	2.80	3.15
实际浑浊度/%	0	0.30	0.56	0.89	1.32	1.61	2.03	2.32	2.68	3.02
相对误差/%	0	5	14	16	8	14	7	13	12	13

表 8-6　硬度传感器测试数据

理论硬度 /(mg/L)	0	50	100	150	200	250	300	350	400	450
实际硬度 /(mg/L)	0	41	89	137	191	240	287	336	384	446
相对误差/%	0	9	11	13	9	10	13	14	16	4

☞ 8.1.3　测试结果

硬件测试的结果见表 8-7。

表 8-7　硬件测试结果

测试项目	测试时间	测试结果
传感器稳定性测试	2010 年 11 月	符合要求
传感器稳定时间测试	2010 年 12 月	符合要求
水样多点采样配合测试	2011 年 1 月	符合要求
数据远程传输稳定性测试	2011 年 2 月	符合要求
超标短信报警测试	2011 年 2 月	符合要求
系统整体运行稳定性测试	2011 年 3 月	符合要求

8.2　监控中心软件性能测试

☞ 8.2.1　测试方案设计

基于生物监测的太阳能水质监控网络环保系统软件模块的主要任务就是实时接收各个站点采集到的数据，对接收到的所有信息进行存储，然后对信息进行特征值提取、哈希加密、比对、分析判断，最终对合法信息进行参量提取与存储，并在监控中心界面上进行实时更新处理。这样做可以记录恶意攻击该系统的用户，对于在规定时间内发送数据超过一定数量的用户，系统将会给出提示信息。如果接收到的合法数据超过规定水域的国家标准，则发出警告信息，并将该条信息单独存储，方便工作人员查阅。因此测试的时候，应不定时地更改抽取到水箱内水的环境参量、变更传输数据，以确保测试系统的准确性、稳定性以及可靠性。在数据采集完毕之后，系统可以查看不同时段采集的数据，并与采集到的数据进行比对及分析。

该系统的短信查询平台可以为公众服务，将公众欲知地理位置的水环境信息反馈给用户，这样便增强了水质信息的透明化，也有利于农业灌溉水质信息的开放化。

随着时间的推移，国家标准可能会发生变化，因此该系统允许用户能够更新国家标准数据库表。为了通过测试来判断国家标准更新后采集到的数据是否符合新的标准，只需单击系统界面下的配置面板，将新的标准导入即可；然后再次打开系统工作面板；最后接收数据，查看当接收到新的数据时，其预警状态能否随着国家标准的改变而发生变化。

本系统运行时能区分用户权限，只有通过认证的合法用户才能进入系统，非法用户的登录信息将被记录。进入系统后不同的用户会有不同的界面，这样便从源头上避免了用户的越权操作。

此外，该系统软件已经提供生成报表的功能。用户可以方便地将某一站名的水质信息生成 Excel 表格，这样即可非常方便地将某一地理位置的水质情况汇报给有关部门，加速反馈信息的速度。

☞ 8.2.2 测试步骤及结果

测试分为以下几步：

(1) 打开水质监控中心应用程序，以管理员身份登录系统。

(2) 系统进入监控中心系统概况，显示当前的信息。

(3) 将工作模式切换到工作面板，这时启动信息采集系统，发送几个数据，可以看到前面板会以两种方式动态更新界面。

(4) 选择打印当前所选站名的历史数据信息，可以看到监控中心软件立即调用了 Excel 软件，显示了精美的历史信息表格。

监控中心报表生成的界面如图 8-1 所示。

图 8-1 监控中心报表生成的界面

☞ **8.2.3 测试总结**

以上测试结果只显示了整个测试过程当中的一部分，通过将动态模拟硬件实时采集的数据上传至监控中心，并不定时地更改水箱环境参量，取得了很好的实验效果。该实验表明：基于生物监测的太阳能水质监控网络环保系统具有安全性高、运行稳定、显示更新速度快、精度高等优点，是一个集水质信息采集、传输、存储、查询、分析和超标报警为一体的网络化的信息系统。

8.3 生物监测站测试

☞ **8.3.1 基于水藻监测富营养化的测试**

1．水藻特征识别的测试

图 8-2 所示为水藻特征提取界面的截图。

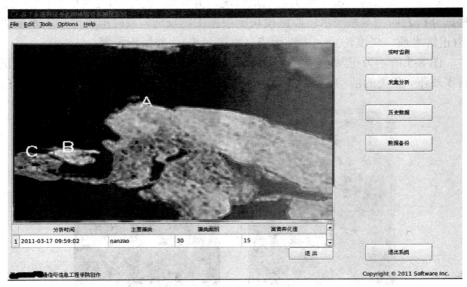

图 8-2 水藻特征提取界面

经测试，系统可以准确识别水藻特征。

2．富营养化专家系统的测试

使用树叶模拟水藻区域，经测试，在水藻面积或种类发生变化时，系统可以立即作出判断。图 8-3、图 8-4 分别为测试平台和水体富营养化预警信息图。

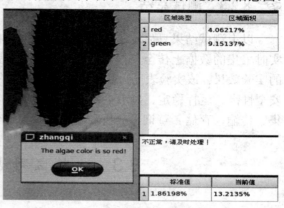

	区域类型	区域面积
1	red	4.06217%
2	green	9.15137%

不正常，请及时处理！

	标准值	当前值
1	1.86198%	13.2135%

图 8-3　测试平台　　　　　　　　图 8-4　水体富营养化预警信息

☞ 8.3.2　基于鱼类活动监测水体毒性的测试

对比不同水质情况下鱼类的活动情况，并观察上位机监控室的监控情况。测试分析表明，本系统水质监测模块能根据生物反应，及时准确地判断水质类型(正常水质、轻度污染、中度污染、重度污染)，并做出预警。

图 8-5 所示为正常水质状况下鱼类的状况及其活动范围。可以看出，在正常水质下，鱼类的活动主要为随机分布，无特定规律可循，此时说明水质良好。

图 8-5　正常水质状况

图 8-6 所示为轻度污染的水质状况下鱼类的状况及其活动范围。在轻度污染下，鱼类的活动向水面聚集，其余部分和正常水质一样为随机分布，其原因主要是水中溶氧量下降。

图 8-6　轻度污染水质状况

图 8-7 所示为中度污染的水质状况下鱼类的状况及其活动范围。可以看出，在中度污染下，鱼类的活动主要在水面上，水质浑浊度增高，能见度降低。

图 8-7　中度污染水质状况

图 8-8 所示为重度污染的水质状况下鱼类的状况及其活动范围。可见，在重度污染下，鱼类已经死亡，其活动范围减小且集中在水面。

图 8-8　重度污染水质状况

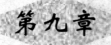

应用与发展前景

9.1 应 用 前 景

随着世界人口的增加和经济的飞速发展，地球水环境污染状况日益严重，引起了各国政府和人民的高度重视。为了更好地保护水环境，国内外均进行了水质监测仪器的设计，并将水质监测仪器推广为环保使用产品，同时这一举措也促进了环保产业的发展。

环保产业是一个朝阳产业，伴随着相关政策的护航，未来5年的水质监测将有很大的发展空间。环保行业也是个很特殊的行业，其特殊性在于它与国家的政策和重视程度密切相关，随着国家对环保的重视力度的不断加大，被动局面正在慢慢打破。经过这些年的发展，水质监测目前的市场规模每年大约为两到三亿元，而依据国家的有关政策来预测，未来 5 年，这个市场会激增到约180 亿元的规模。目前我国所用的自动监测仪器多为国外进口设备，价格昂贵，且运转费用高。虽然近年来进口设备价格有所下降，但每套价格仍在 20 万美元左右。而国内厂家现多生产单一参数的水质监测仪，近年也有些厂家试图生产水质自动化监测装置，但是都存在水质监测参数少、质量不稳定等问题。国家计划 2013 年在全国主要流域重点断面的水质自动监测站达到 420 个，实现水质自动监测周报。国内在水质自动化监测装置制造上还跟不上快速发展的水质监测的要求。而且某一厂家也不可能生产各种类型的自动监测仪，多为多厂家仪器组合集成。由此可见，国产化自动监测器有广阔的开发和潜在的销售市场。因此，我们设计了一种结构简单、安装方便、使用便捷、维护成本低，可以远程实时监测、传输数据、分析以及超标报警的水质在线监测系统，其市场前景良好。本水质监测系统就价格较国外同类产品相比具有很大的优势，与国内产品相比具有水质测量参数多、安装方便、操作简单、数据安全性强、扩展方便、维护成本低廉、通信方式多样、配套监控软件功能强大、可以实现多点同时监测的特点。

同时，依靠基于人工智能技术的生物监测平台这一亮点，本项目必将吸引更多的关注，获得更广的应用范围。

本系统在投入应用后，可为相关部门节约大笔采购进口仪器设备的费用，同时由于在设计上的先进性与独特性，与以往产品相比，系统在部署、安装、使用和维护过程中都将大大节约经济成本和人力成本，更加符合低碳环保的要求。

依托太阳能技术和无线通信技术，系统真正实现了低成本下的野外永久无人监测站，使区域化监控成为可能。通过大流域的区域监控，环监部门可以统筹掌握整个区域内的水质信息，更好地做出决策部署，同时为应对突发恶性污染事件赢得了时间。

9.2 发展前景

本项目主要以信息技术为依托，以数字图像处理技术、人工智能技术、物联网技术为主要特色和发展方向，面向环保领域，以水质监测为目的。

信息技术目前已处于发展成熟的阶段，并仍有长足发展空间。目前，CCD传感器、微处理器、图形处理器均已发展得相当成熟，能够在较低成本下提供很高的性能；同时，GSM网、以太网等通信手段也早已进入广泛应用的阶段；电化学传感器、控制技术等也在相关领域取得了较广的应用。因此，本项目拥有扎实的技术基础。

数字图像处理技术、人工智能技术、物联网技术正处于飞速发展阶段，新技术、新成果层出不穷，特别是图像处理和人工智能领域的发展日新月异。本项目在生物监测中大量运用了图像处理和人工智能领域的新技术、新成果，同时整个监测网络正是依托物联网的概念而设计的。可见，本项目有极好的发展前景。

同时，环保产业是一个朝阳产业，得到了政府的大力支持。而 2012 年国务院"中央一号文件"重点强调水质监测信息化，可见，水质监测在未来数年内将迎来一个突飞猛进的发展阶段，因而本项目具有极好的政策前景。

9.3 本系统在农田水利建设上的应用

农田水利智能化灌溉系统响应了国家基于 2012 年国务院"中央一号文件"

所确定的《加强农田水利等薄弱环节建设》的倡导，由源点水源(水坝)智能排蓄水系统、农田管网水系(渠)科学决策调度系统和农田自适应智能化灌溉系统三部分组成了综合智能化节水农业农田水利智能化灌溉系统。其主要功能是通过传感器实时检测土壤湿度，通过分析温度、土壤湿度、水坝水位、水坝水质等信息，智能化地实现灌溉用水水质监测，以确保水坝水质及含水量正常，进而科学地决策由土壤缺水引起的灌溉用水的科学调度，最终实现农田自适应的智能化灌溉。

　　水质监测作为本系统的一个核心环节，在本系统中担负着相当重要的角色。在农田水利方面的实际应用中，能实现重点水域、供水水源的水质实时监测，提高了水质监测信息数据的传输和分析效率，在满足社会公众对水质信息需要的同时，可提高对突发、恶性水质污染事故的预警预报及快速反应的能力，判断发展趋势，对重要决策及常规管理提供信息支持，为农业管理部门提供多方位、准确、快捷的信息服务，因此具有重大的社会效益和经济效益。从更深层意义上讲，在农田水利工程中引入水质监测，有利于实现水环境与社会经济协调可持续发展，让农田水利成为我国农业持续发展的资源保障。图 9-1 所示为农田水利系统框架图。

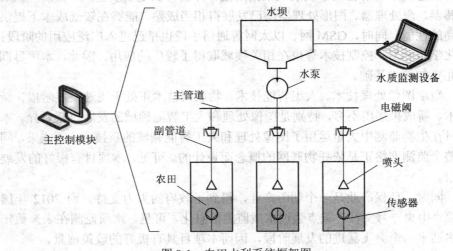

图 9-1　农田水利系统框架图

参 考 文 献

[1] 罗翠琴. 水质自动监测系统的建设与管理[J]. 现代测量与实验室管理，2009，12(2)：33-34

[2] 赵小强. 水质远程监测智能环保系统[J]. 计算机工程，2010，36(17)：93-94

[3] 孙南. 水质自动监测系统运行过程中的质量保证和质量控制[J]. 环境监测管理与技术，2009，11(1)：66-68

[4] 范少军. 关于化验工作系统误差显著性 t 检验[J]. 华北国土资源，2008，16(2)：44-45

[5] 国家环保总局水和废水监测分析方法编委会. 水和废水监测分析方法. 4 版. 北京：中国环境科学出版社，2002

[6] 麦贤浩，冼慧婷. 在线监测仪器加标回收率验收监测方法探讨[J]. 仪器仪表与分析监测，2008，24(2)：40-41

[7] 张奇磊. 影响水质自动监测系统监测数据准确性的几个因素[J]. 干旱环境监测，2007，22(3)：58-61

[8] 王国胜，胡宝祥，张兰. 地表水水质自动监测数据技术评估[J]. 中国环境监测，2010，26(5)：44-46

[9] Kraft M E. Sustainability and Water Quality：Policy Evolution in Wisconsin's Fox-Wolf River Basin. Public Works Management & Policy，2006，1(10)：202-213

[10] Allenby B. The Anthropocene as Media：Information Systems and the Creation of the Human Earth. American Behavioral Scientist，2008，9(52)：107-140

[11] Carlos Perez-Brito. Information as a Development Intervention：reforming the culture of information systems in Guatemala. Information Development，2009，11(25)：272-282

[12] 吴冠霖. 基于 Internet 的三峡库区水质在线监测系统[D]. 重庆：重庆大学，2008

[13] 卢金锁. 地表水厂原水水质预警系统研究及应用[D]. 西安：西安建筑科技大学，2010

[14] 田利强，冯裕钊，卓明，等. 虚拟仪器在水质监测中的应用研究[J]. 给水排水，2007(S1)：303-306

[15] 黄敏如，李一丹，盛丽娜，等. 福州市饮用水第 2 水源藻类污染与控制对策探讨[J]. 海峡预防医学杂志，2003，9(5)：66-67

[16] 陶韬，樊亚琴. 关于水质监测信息融合系统的应用研究[J]. 中国农村水利水电，2007，21(6)：13-15

[17] 王云波，谭万春. 水源蓝藻暴发的原因分析及水质安全保障措施[J]. 中国农村水利水电，2008，12(5)：37-40

[18] 金彦兆. 雨水利用人畜饮水工程科学性评价方法[J]. 中国农村水利水电，2007，21(11)：5-7

[19] Horsburgh J S，Jones A S，Stevens D K，et al. A sensor network for high frequency estimation of water quality constituent fluxes using surrogates. Environmental Modelling & Software，2010，25(9)：33-47

[20] 梁国康，水质自动监测系统的发展与运行维护. 上海水务，2008，8(3)：12-15

[21] 张云松，朱庆华. 渤海海域统一污染管理机制. 大连海事大学学报：社会科学版，2008，15(6)：103-107

[22] 王家骏，仲夏，张涤菲，等. 1996～2005 年辽河干流沈阳段水质污染状况调查. 沈阳医学院学报，2008，12(4)：48-52

[23] 黄强，张泽中，李群，等. 河流生态用水综合评价[J]. 长江流域资源与环境，2008，21(6)：12-15

[24] 夏星辉，杨志峰，吴宇翔. 结合生态需水的黄河水资源水质水量联合评价. 环境科学学报，2007，22(1)：78-82

[25] 赵起越，白俊松. 国内外环境应急监测技术现状及发展. 安全与环境工程，2006，13(3)：38-43

[26] 陈家军，杨卫国，尹洧. 水质在线监测系统及其应用. 现代仪器，2007，13(6)：62-66

[27] 赵负图. 信号采集与处理集成电路手册. 北京：清华大学出版社，2008

[28] CraigEddy，TimothyBuchanan. 中文 Access2000 24 学时教程. 北京：机械工业出版社，2004

[29] 刘文涛. Visual Basic + Access 数据库开发与实例. 北京：清华大学出版社，2006

[30] 王泰峰. 软件项目开发综合实训：Visual Basic 篇. 北京：人民邮电出版

社，2010

[31] 杨刚. 32 位 RISC 嵌入式处理器及其应用. 北京：电子工业出版社，2008

[32] 管耀武. ARM 嵌入式无线通信系统开发实例精讲. 北京：电子工业出版社，2011

[33] 程道喜. 传感器的信号处理及接口. 北京：科学出版社，2006

[34] 索雪松，纪建伟. 传感器与信号处理电路. 北京：中国水利水电出版社，2009

[35] 谭浩强. C 程序设计. 北京：清华大学出版社，2001

[36] 王宇行. ARM 程序分析与设计. 北京：北京航空航天大学出版社，2006

[37] 李宁. ARM 开发工具 RealViewMDK 使用入门. 北京：北京航空航天大学出版社，2009

[38] 韩山，郭云，付海艳. ARM 微处理器应用开发技术详解与实例分析. 北京：清华大学出版社，2009

[39] Sanderson B G，Coade G. Scaling the potential for eutrophication and ecosystem state in lagoons[J]. Environmental Modelling & Software.2010，25(6)：724-736

[40] 刘连浩，杜兆东. 污染源水质在线自动监测系统[J]. 计算机工程，2009，35(12)：208-210

[41] 曾洪涛，符向前，蒋劲，等. 汉江多参数水质连续自动在线监测系统[J]. 中国农村水利水电，2009，16(9)：23-25

[42] 杨宇，管群，胡凯衡，等. 基于 GIS 的泥石流流域分布式水文计算系统[J]. 计算机工程，2010，36(5)：260-262

[43] 丁飞，张西良，宋光明，等. 面向设施环境的无线分布式监控系统[J]. 计算机工程，2010，36(3)：234-236

[44] 尤思思. 基于动态图像理解的生物式水质监测传感器的设计与研究[D]. 杭州：浙江工业大学，2008

[45] 项光宏，闻路红，等. 水质在线监测技术研究及应用[J]. 控制工程，2010 年第 17 卷增刊：212-215

[46] 王翥，郝晓强，魏德宝. 基于 WSN 和 GPRS 网络的远程水质监测系统[J]. 仪表技术与传感器，2010，21(1)：48-52

[47] 张俊星，石立新，郭江澜. VRV 系统 CAN 总线节点设计. 仪表技术与传感器，2008，12(5)：104-106

[48] 顾峥浩，王自强，聂文华. WinCE 流驱动程序设计概述. 微处理机，2007，

14(3)：81-83

[49] 邵辉. 基于 ARM9 和 GSM/GPRS 的无线可移动红外监测报警系统[J]. 电子技术，2009(8)：7-10

[50] 姚帆，王振层，王晓宁. 基于 ARM9 的数字温度监测系统设计[J]. 工业计算机，2009，22(3)：54-55

[51] 杨林楠，李红刚，张素萍，等. 基于 ARM9 的嵌入式 Web 服务器研究[J]. 计算机测量控制，2008，16(12)：1939-1942

[52] 张春晶. 基于 GPRS 的水质监测系统设计[J]. 机电一体化，2009(8)：47-49

[53] 魏云霞. GPRS 通讯技术在水厂监测监控中的应用[J]. 中国科技博览，2009，12(28)：305-305

[54] 姚淑霞，段美霞，宗瀚. 水质监测及预测系统设计[J]. 人民黄河，2010，32(11)：27-32

[55] 武静涛，马长宝，刘永波. 水质监测无线传感器网络节点的设计[J]. 计算机测量与控制，2009，17(12)：2575-2578

[56] 王康泰，戴文战. 一种基于 Sobel 算子和灰色关联度的图像边缘检测方法[J]. 计算机应用，2006，25(5)：1035-1037

[57] 崔建军，詹世富，等. 一种改进的 Canny 边缘检测算法[J]. 测绘科学，2009，34(4)：236-242

[58] 赵湘桂，蔡德所，等. 漓江水质硅藻生物监测方法研究[J]. 广西师范大学学报：自然科学版，2009，27(2)：16-22

[59] 黄剑玲，邹辉. 一种精确的自适应图像边缘提取方法[J]. 计算机工程与科学，2009，31(9)：98-103

[60] 邢果，戚文芽，等. 灰度图像的自适应边缘检测[J]. 计算机工程与应用，2007，43(5)：18-24

[61] 王庆领，罗大庸. 智能网络控制器在水处理中的研究与应用[J]. 控制工程，2010，17(6)：19-23

[62] 李鹏辉，赵文光，等. 基于数字图像处理技术的多点动态位移监测[J]. 华中科技大学学报：自然科学版，2011，39(2)：67-72

[63] 罗将道，方崇，黄伟军. 湖泊水质富营养化综合评价的遗传投影寻踪分析[J]. 江苏农业科学，2010，(4)：381-383

[64] 赵泽斌. 模糊数学在湖泊水质富营养化评价中的应用[J]. 黑龙江水专学报，2007，34(2)：115-117

[65] 方彬，陈波，张元. 生物多样性遥感监测尺度选择及制图研究[J]. 地理与

地理信息科学，2007，23(6)：12

[66] 邓仕超，刘铁根，萧泽新. 应用 Canny 算法和灰度等高线的金相组织封闭边缘提取[J]. 光学精密工程，2010，18(10)：27-32

[67] Farshchi S，Pesterev A，Nuyujukian P H，et al. An Embedded Sensor/System Architecture for Remote Biological Monitoring. Information Technology in Biomedicine，IEEE Transactions, 2007，12(1)：611-615

[68] 向静波. 基于 Contourlet 变换和 Canny 算子的图像边缘检测方法[J]. 红外技术，2009，31(8)：479-482

[69] 冯大伟,沈鑫. 小型无人自动测量船水质采样及在线监测系统[J]. 油气田地面工程，2010，29(2)：93-94

[70] 陈军，盛占石，等. 基于 GPRS 的水质自动监测系统的设计[J]. 传感器与微系统，2009，28(5)：77-79

[71] 黄毅，黎杰. 基于 GPRS 的水厂实时远程监测系统[J]. 合肥工业大学学报: 自然科学版，2008，31(5)：705-707

[72] 郑万溪，黄元庆，等. 基于 GPRS 通信技术的远程检测系统[J]. 传感器与微系统，2008，27(2)：83-85

[73] 唐慧强，徐芳. 基于 GPRS 的水情自动测报仪[J]. 仪表技术与传感器，2008(1)：74-76

[74] Tang H，Qu L S. Fuzz y Support Vector Machine with a New Fuzzy Membership function for Pattern Classification[J]. Proc of the Seventh Int'l Conf on Machine learning and Cybernetic，2008，24(4)：768-773

[75] Reselman B，Peasley R，Pruchniak W. Visual Basic 6.0 使用指南. 北京: 电子工业出版社，2009

[76] Bell M. Service-oriented modeling: service analysis，design，and architecture [M]. New York：Wiley，2008，12(4)：115-154，257-283，341-359

[77] 扈红超，伊鹏，郭云飞，等. 一种公平服务的动态轮询调度算法[J]. 软件学报，2008，19(7)：1856-1864

[78] 孙海龙，怀进鹏，富公为. 一种自适应的网格计算资源组织与发现机制[J]. 软件学报，2009，20(1)：152-163

[79] 李刚，马修军，韩燕波，等. 动态网络环境下的透明服务组合[J]. 计算机学报，2007，30(4)：579-587

图书在版编目(CIP)数据

水质远程分析科学决策智能化环保系统/赵小强,程文著.

—西安:西安电子科技大学出版社,2012.10

ISBN 978-7-5606-2930-8

Ⅰ.① 水… Ⅱ.① 赵… ② 程… Ⅲ.① 水质分析—信息系统 Ⅳ.① O661-39

中国版本图书馆 CIP 数据核字(2012)第 233816 号

策　　划　邵汉平

责任编辑　雷鸿俊　邵汉平

出版发行　西安电子科技大学出版社(西安市太白南路 2 号)

电　　话　(029)88242885　88201467　　邮　编　710071

网　　址　www.xduph.com　　　　　　电子邮箱　xdupfxb001@163.com

经　　销　新华书店

印刷单位　西安文化彩印厂

版　　次　2012 年 10 月第 1 版　　2012 年 10 月第 1 次印刷

开　　本　787 毫米×960 毫米　1/16　印　张 6.5

字　　数　107 千字

印　　数　1~1000 册

定　　价　18.00 元

ISBN 978-7-5606-2930-8/O

XDUP 3222001-1

如有印装问题可调换

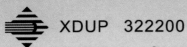

XDUP 322200

封面设计：佳易传播
WWW.SXJYCB.COM

水质远程分析科学决策
智能化环保系统

Remote Intelligent Decision-making Environmental
System for Water Monitoring

ISBN 978-7-5606-2930-8

9 787560 629308 >

定价：18.00

研究生系列教材

高等微波网络

张 厚 唐 宏 编著

西安电子科技大学出版社
http://www.xduph.com